神奇大脑训练书

50种游戏
迅速提高记忆力

[法]
法比安·奥利卡尔 —— 著
Fabien Olicard

王晓园 —— 译

江西人民出版社
Jiangxi People's Publishing House
全国百佳出版社

图书在版编目（CIP）数据

神奇大脑训练书：50种游戏迅速提高记忆力 ／（法）法比安·奥利卡尔著；王晓园译. -- 南昌：江西人民出版社，2020.12

ISBN 978-7-210-12605-8

Ⅰ．①神… Ⅱ．①法… ②王… Ⅲ．①记忆术—通俗读物 Ⅳ.①B842.3-49

中国版本图书馆CIP数据核字(2020)第254390号

神奇大脑训练书：50种游戏迅速提高记忆力

[法]法比安·奥利卡尔 / 著

王晓园 / 译

责任编辑 / 冯雪松

出版发行 / 江西人民出版社

印刷 / 天宇万达印刷有限公司

版次 / 2020年12月第1版

2020年12月第1次印刷

880毫米×1230毫米　1/32　6.5印张

字数 / 140千字

ISBN 978-7-210-12605-8

定价 / 46.00元

赣版权登字-01-2020-542

版权所有　侵权必究

在完成第一本书《大脑知道答案》的内容时，我度过了一段奇妙的时光。现在，我正在撰写《神奇大脑训练书：50种游戏迅速提高记忆力》。这不是一本续集，也不是完全不相关……这两本书之间存在着难以察觉的细微差别。你想要运用这一季中涉及的小窍门，没有读过第一季的那本书也没有关系。但如果你曾翻阅过第一季的《大脑知道答案》，那在无与伦比的大脑的开发上，你就会更上一层楼。

我个人最大的成功就是已经将我对心灵魔法的热情，分享给大约八万名读者，而不只是作为一种戏剧性的消遣。我只是一个简单的、有好奇心的人，在对于知识的探索上，我总是惊叹不已。后来，我发现大脑科学知识的传播让我感到快乐，让我知道我们每个人都有着无与伦比的可能性。

当有人跟我说"我记性不好"时，我总是回答："其实你记性很好，只是缺少方法。"当有人问我，心灵魔法是否可以在日常生活中使用时，我清楚地指出，一个人的大脑一直在他的日常生活中帮助着他。当人们问我有关大脑的秘密到底是什么的时候，我回答的是"42"……为什么不是呢？

在我栖身舞台，投身YouTube之后，我特别地感受到了通过写作，传播知识竟是如此迅速。我唯一的绘画创作只是为了帮大家提供参考，你们可以看到在何种情况下，你们是有能力去充分地运用自己的大脑的。

永远不要忘记当这些小窍门可以帮到你们的时候，你们唯一应该感谢的一个人，就是你们自己！

祝好！

——法比安·奥利卡尔

目录

你是心灵魔术师吗

真正的问题应该是："这世界上存在唯一一种心灵魔术吗？"在我的每本书里，我都认为有必要去重新回顾心灵魔术的定义。

如今，人们对于这一术语的定义仍然没有达成一致，但每个人都可以宣扬自己的心灵魔术……我也是如此！事实上，我认为不应该存在关于心灵魔术的培训、学校或关于如何成为心灵魔术师的书。对这些内容本身，我并不太质疑，我质疑的是它们对于一个未被定义的词语的许诺。

对提出这个定义的人来说，每个定义都是贴切的（即最合适的）。当你面对这个术语时，重要的是了解作者、艺术家、顾问或者培训员对此的定义。合乎逻辑地说，没有一种定义可以被认为是错误的。就好像很多餐馆都有"今日特供"，但是每个菜单上都包含自己的独家菜品。

而对我来说，之所以使用"心灵魔术"一词，是因为它更好地集结了我使用的那些工具。无论是在我的书、视频、演出还是讲座中，我都将心灵魔术视作一个巨大的袋子，在里面，我可以放很多工具：有心理学的，有关于影响力的，有关于非言语的，有记忆诀窍的，有计算技巧的，有关于错觉或幻觉原理的。我的目标一直是致力于传播和发现这世上一切理性的事物，并以此为乐。如果这一切既不令人着迷又不值得深究，那么我也不会为之付出特别的努力。

心灵魔术能让我们意识到，人所拥有并且可以开发的一切能力。这是一种在任何情况下都能让人变得更独立、在精神上更有竞争力、有用且便捷的工具，同时还能达到先声夺人和引人注目的效果。

我认为，具有好奇心是心灵魔术师的重要品质，尤其是具有一种对理解、持续学习和将生命看作一块需要完成的拼图的好奇心。甚至，你手里拿着这本书，也是你有好奇心的证明！从逻辑上讲，对我而言，你是还没有开始实践的心灵魔术师，但这马上就要改变了。

作为心灵魔术师，尽管将来可能你不是，但你很快也将从这本书中选取你喜欢的不同类型的东西来创造你自己的定义了。你会发现，你的大脑多么迷人且丰富多彩。心灵魔术和你，都是如此。

要说"是"或者"不是"

你的回答是"是"或者"不是"？当然可以，因为我没有提供一个"既不是'是'也不是'不是'"的答案，我更多注重的是对大脑的揭露。对一个决定来说，如果你可以改变对此的观点和行为呢？

在你思考的时候，你是在跟著名的"小声音"对话。你能听到你自己的内心声音，构思结构严谨的句子。你不是在用感性思考，而是根据那些你总是感受不到的原因来思考。

在你思考的时候，你有意识地组织着一些概念，并在记忆中储存下来（不管你是否同意）。这些经过深思熟虑后的概念成了"真理"！

现在，我要提出一个概念（不用往下看，这是一张图），我应该跟你明确一件常常被忽略的事情：在人的大脑中，它无意识的层面没有否定的概念。在你的记忆中，"不要什么"这一概念并不以具体形象或规范存在。总之，你无法将一个否定的概念形象化。

也就是说，当你想着你不再抽烟、不再长胖、不再迟到时，你大脑中保留的概念却是没有否定词的（即"我抽烟""我超重""我迟到"）概念。这会储存在你的记忆中，成为你设想的自己的一部分，大脑的无意识会引导你走向这类事实。为了避免所有的"不和谐"，大脑通过在你的思想中阐释这些"真理"，让你根据它认为的"真理"做出决定。比如，如果你对自己说"我受够了数学不好"，那么你的大脑正在试图让这种观点扎下根来！

因此，一定要彻底改变你的思考方式。正如学习一门新的语法一样，首先，这要求你不断努力，在几个星期之后（根据费莉帕·勒理[1]的研究，新习惯的养成大概要两个月），你就可以达到精神锻炼的目的，你就会变得更加乐观，同时更有效率，更有动力，并且有更多的选择性（因为做一个决定，是由一系列印刻在大脑内的"真理"驱使的）。这多么令人着迷啊，不是吗？

但我们也要更具体地看到如何改变这种精神惯性。

"我再也不想有经济烦恼了"会加强"我有经济问题"的概念。与其说这些，你不如选择说"我想增加我的收入"或者是"我想好好算账，来提高预算"。

---

① 费莉帕·勒理（Phillippa Lally），《习惯是如何养成的：真实世界的习惯养成方式》，摘自《社会心理学欧洲学报》，第40册，第6期，2010年，998–1009页，在《养成新习惯的秘密》这一节中，我们会重新提及这一研究。

就像在这个例子中看到的一样，这种训练将会迫使你用另一种方式看问题，并且自发地开始找到解决问题的方式。

小练习

① 写下十几个你经常想到的事情。

② 找出包含否定词的那些事情。

③ 换一个方式表达。

④ 大声读出来，并且决定从今天开始只用这样的话语。

自我青年时期学会这个窍门以来，我的思维就是这样运作的。如果之后碰到你，你向我讲述你在实践这个窍门之后是如何帮助到你的，那我将会非常开心。

最后总结一下，当你思考的时候，当你写作的时候，当你对话的时候，更常见的情况是，从你用任何形式表达自己开始，要知道这是应用到你的思维方式层面的。这么做，你将会给自己和其他人带来积极影响！

记忆的终极武器

　　记忆表格是一个万能工具。它虽然可以独立运行，但理想情况是，和其他记忆术方法相结合。它几乎可以用区域划分的方法记住全部（与线性练习相反）。在《大脑知道答案》的第一季中，我用记忆的瑞士军刀①带你入门。而在这一季中，我们将更加深入地了解它！

　　不久以前，这项技术还处于保密阶段，围绕这个知识也有很多有利可图的生意。这不仅可以帮助我们学会无与伦比的大脑中的货真价实的才能，而且还有意思，因为用来当作借口的东西可以真正更好地开发我们的大脑！

---

① 出自《大脑知道答案》第一季，第11页。

记忆表格不是从昨天才开始的，它的实质是"挂钩记忆法"，指的是图像与对应物的结合。

1634年，弗朗索瓦·皮埃尔·艾里功（Francois Pierre Hérigone）提出一个理论，可以通过将数列转变为图像的方法将之记住。格列格·冯·法伊诺伊格勒（Gregor von Feinaigle）的故事同样神秘得令人难以置信，从1806年起，他在法国和大不列颠进行了一系列关于记忆和"主要系统"（Major System）的讲座！你可以在某些图书馆里，发现这本撰写于19世纪初名为《记忆法全集》①的书。在这本书里，显然可以找到关于著名的记忆表格的内容，尤其是一种使用的新方法：主要系统。这个技巧的真实来源常常受到质疑：人们通常将这项发明归功于皮埃尔·艾里功，但是英国人认为这个体系是被斯坦尼斯劳斯·明克·冯·韦恩逊（Stanislaus Mink von Wennsshein）发明的。

然而，记忆表格和主要系统之间没有实质性差别。记忆表格旨在将每个数字和图像对应起来，以便随心所欲地记住数列、列表、课程、演讲要点和书目章节等。主要系统也一样，通过插入一个记忆术系统来创造关联，因此不会忘记记忆表格（就是这么难以置信）！

投身于这场精神之旅将会终身受益，但最初的几个步骤可能就有点像人们学习一门新语言时，显得晦涩难懂……

---

①《记忆法全集：辅助和巩固记忆的艺术》，J·迪迪埃，1808年。

●●● **经典方法**

对于这个方法，你将要开发一个适合你的记忆表格。从你自己（囤积了事件的）断断续续的记忆中，或者是（存储事实和概念的）语义学记忆中，找出样本，辅助你不断地练习。比如，我出生于某个月的22号。因此，这个22让我想到生日蛋糕。但是，也有可能22让你想到的是警察，因为"22！警察"①。创造你的系统，需要的是不断地进行个人探索（正是在你进行个人探索的过程中，创造出属于自己的系统）。

在理想状态下，你需要找到一个逻辑来构建你的记忆表格。记忆法首先是要便于练习，吸引你深入地探索下去。

下面就是本人的记忆表格的例子。

1	兔子	18	泳裤	35	秋千	52	印章
2	放大镜	19	牛肉	36	蜡烛	53	冷杉
3	鹅	20	红酒	37	鼬	54	树根
4	吊灯	21	火车	38	围裙	55	沙子
5	猞猁	22	轮胎	39	螺栓	56	萨克斯风
6	百合花	23	胳膊	40	车轮	57	餐巾纸
7	信件	24	水果塔	41	葡萄	58	木锯
8	床	25	衣架	42	球拍	59	血液

---

① Vingt-deux, v'là les flics !，法语的通俗表达，带有俚语色彩，用来警告同组中的其他人，有危险需要逃跑。

9	鸡蛋	26	车厘子	43	老鼠	60	戏剧
10	警察	27	可丽饼	44	轮渡	61	洞
11	铜	28	烟斗	45	糖	62	薄刀
12	草地	29	秃顶	46	草耙	63	存钱罐
13	草莓	30	浴缸	47	甘草	64	键盘按键
14	麦芽糖	31	台球	48	高速地铁	65	火炬
15	汽车钳	32	嘴	49	里卡尔	66	瓦片
16	纸币	33	围嘴	50	蛇	67	箱子
17	袜子	34	背带	51	粗麻布	68	粗布帐篷
69	挂毯	77	药店	85	叉子	93	手帕
70	电池	78	教甫	86	灯丝	94	书包
71	门	79	木桩	87	法郎	95	镜子
72	口袋	80	烤箱	88	长笛	96	母骡
73	绿植	81	飞镖	89	快递员	97	饭馆
74	壁橱	82	火药罐	90	别墅	98	跳房子
75	门廊	83	精明的人	91	栗子	99	面具
76	雨伞	84	精灵	92	手表	100	太阳

这个表格可由个人的喜好来构建，以便于获得最好的记忆。

1~9

1让我想到小写字母l，因此这一系列都是从这个字母开始的。每个词都与它联系起来的数字有相关。

10~29

根据数字和个人图像的联系。每个词都和它联系起来的数字有相关。

30~39

3让我想到大写字母B，因此整个系列都是从这个字母开始的。每个词都和它联系起来的数字有相关。

40~49

4包括一个R[①]，因此整个系列从这个字母开始。每个词都和它联系起来的数字有相关。

50~59

5让我想到S，因此整个系列从这个字母开始。每个词都和它联系起来的数字有相关。

---

①4的法语拼写为quatre。（译者注）

60~69

6让我想到T，因为我住在一条街的6ter[①]，因此整个系列从这个字母开始。每个词都和它联系起来的数字有相关。

70~79

7让我想起了P，因为有七宗罪[②]，因此整个系列从这个字母开始。每个词都和它联系起来的数字有相关。

80~89

8让我想起了无限符号，因此整个系列从这个字母[③]开始。每个词都和它联系起来的数字有相关。

90~99

9让我想起了字母M，是因为我小时候玩过的一个电子游戏，因此整个系列从这个字母开始。每个词都和它联系起来的数字有相关。

---

① ter是法国社会为了区分街道号码的一个标志方法。（译者注）
② 罪的法语为péché。（译者注）
③ 无穷符号的法语为inFini，因此这里指的是F。（译者注）

●●● 主要系统（或称为大系统）

对于这个方法，我们将创建一个与确定规则对应的记忆表格。只要将数字和发音的辅音字母（如果是哑音[1]、辅音则不计算在内）进行转化，而后将元音字母加进去来构建一个视觉化图像。

这就是联系（范例中，未给出发音音标的，按照字母的正常发音即可[2]）：

0: C（发音为[s]），S，Z，T（发音为[s], ），X（发音为[s]）

1: T，D

2: N，GN

3: M

4: R

5: L

6: G（发音为[ʒ]）

7: G（发音为[g]），K，Q，C（发音为[k]）

8: F，V，PH

9: B，P

下面就是一个以这个系统构建起来的表格范例（我只做到100，你当然可以继续）。

――――――――

① 即不发音的H。法语中H均不发音，但分为嘘音H（即曾经发音，但随着时间的推移和改革而不再发音的H）和哑音H（即始终不发音的H）。（译者注）
② 给出发音音标的字母，是因为在法语中存在多种发音方式。（译者注）

0	水桶						
1	屋顶	6	猫	11	头	16	城堡主塔
2	核桃	7	木柱	12	木桶	17	票
3	旗杆	8	火	13	钻石	18	海豚
4	国王	9	脚	14	公牛	19	鼹鼠
5	狮子	10	茶杯	15	星星	20	婚礼
21	席子	41	耙	61	城堡	81	节日
22	侏儒	42	王后	62	山脉	82	卡车
23	春卷	43	船桨	63	骆驼	83	女人
24	黑	44	微笑	64	四轮运货马车	84	森林
25	面条	45	拉力赛	65	山区木屋	85	细流
26	恶作剧	46	蜂巢	66	法官	86	母牛
27	颈背	47	鲨	67	支票	87	海豹
28	萝卜	48	峡谷	68	主厨	88	蚕豆
29	桌布	49	机器人	69	帽子	89	蒸汽
30	别墅	50	套索	70	收银台	90	鱼
31	山羊	51	小精灵	71	刀	91	棍子
32	僧侣	52	月亮	72	大炮	92	软帽
33	死亡	53	羊驼	73	货车	93	苹果
34	税收	54	猪膘	74	汽车	94	梨子

35	苍蝇	55	丁香	75	钉子	95	铁铲
36	嘴巴	56	小雪橇	76	笼子	96	桃子
37	狐猴	57	湖泊	77	蛋糕	97	戒指
38	锦葵	58	熔岩	78	咖啡	98	马路
39	近视（失明）	59	兔子	79	披风	99	教皇
40	玫瑰	60	椅子	80	火箭		

该练习了

　　无论你打算用哪一种系统，我都向你推荐以十张图片为一组进行学习。在几个星期内，你对记忆表格的掌握就会比对字母表的掌握还要好。在这本书中，我经常会提起这个工具，你将看到为什么它灵活而有用。

　　你也可以借助闪卡（你可以在卡片的一面写上数字，另一面画上图像）来学习这个方法。

　　但有规律性地回顾依然是最好的方法。也正是如此，我邀请你准备一种包含数字、单词和代表单词的图像（可以自己画，也可以粘上一张照片）的卡片。将它们贴在家里显眼的地方（没错，卫生间的门就是一个好地方），鼓励你的家人和你一起学习。这就是知识的魅力：如果人们将知识分享给他人，知识就将翻倍！

为什么"连在一起"要分开写，

而"分开写"却是连在一起的呢？①

---

① 这是个文字游戏，指法语中的连在一起为 tout attaché，而分开则为 séparément。（译者注）

你的手指就是计算器

在这本书中，你将会学到有效的心算法。学起来容易，实践起来也不难。然而，为了让这些方法起效，你先要了解九九乘法表。练习的缺失可能让你已经忘记了，但这也是一种无与伦比的方式，让你永远不会不及格。你将会爱上学习这个乘法表，并且你也可以将它教给你周围的孩子（或者成人）。你只需要用你的手指就可以计算，因为在生活中，人也只能依靠自己!

●●● 规则

这个方法涵盖了6～9的乘法，也是最复杂的部分。我们就从简单的1～5的乘法，从你已经熟知的部分开始。

——想着你的右手。想象一下，大拇指代表数字6，食指代表7，中指代表8，无名指代表9。

整个手合成一个拳头＝5

伸出大拇指＝6

伸出大拇指和食指＝7

伸出大拇指、食指和中指＝8

伸出大拇指、食指、中指和无名指＝9

——左手也是一样。

——左手的手指代表第一个数字，右手的手指代表第二个数字。

●●●方法

一旦你理解了这个系统，你只需要一秒钟就可以把你的手放对位置。之后，按照这个方法，分为三步，就可以迅速得出结果。

例如，7*8

左手：伸出大拇指和食指＝7

右手：伸出大拇指、食指和中指＝8

第一步 计算两只手伸出的手指总数。这代表着十位数。在我们的例子中，我们有5个伸出来的手指，在大脑中记住50这个数字。

第二步 将没有伸出来的手指数相乘。意味着这是一个简单的乘法，因为都是从1，2，3和4之间计算出来的。在我们的例子里，左手有3个手指收起来，而右手有2个。做乘法3*2=6。在大脑中记住6。

第三步 将前两步的结果加在一起。在我们的例子中，50+6=56。就是这样简单！花点时间来阅读这个方法，并且好好理解。一旦你明白了，你将会在几秒钟之内算出结果。

再来计算一个例子吧。

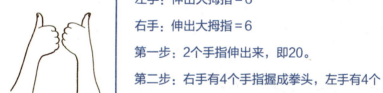

例如，6*6

左手：伸出大拇指 = 6

右手：伸出大拇指 = 6

第一步：2个手指伸出来，即20。

第二步：右手有4个手指握成拳头，左手有4个手指握成拳头。4*4=16。记住16。

第三步：20+16=36。

　　我用这个例子跟你证明，用手指做乘法得出两个数字的结果：没有问题！

　　我把这个窍门教给了一些孩子，他们都很喜欢用，成人也是如此。你也可以运用想象力，在脑海中将你的手具象化，这也是另一种大脑和视觉的计算方式，也许有一天将带你到精神算盘的土地上！

找到神秘物品

　　吹牛，这是心灵魔法师最具娱乐性的一个方面。无论是在我的演出过程中，还是在朋友之间，最终的新发现总是短暂一刻（专业人士将之称为层递法）。这里，我向你提议的是一种一击即中的实验。如果你正确遵循这些步骤，我非常确定，在它的帮助下，这本书可以帮你探索心灵魔法！现在，就让我们一起试一下吧。

　　找出一把钥匙（或者是一串钥匙），一枚硬币和一件神秘物品（如一个护耳套、一个打火机、一个黄色物品、一块橡皮、一部手机等）。

●●● 现在我要找到你的神秘物品！

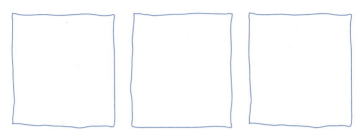

●将你的物品（钥匙、硬币、神秘物品）按照你想要的顺序放在三个格子里。

●现在，将它们混合起来。混合到你觉得满意为止，时间不限定。通过书的形式来跟你交流，最便捷的就是，我的时间更是你的时间。

●做好了吗？太棒了。把钥匙和它左边的东西换一下位置（如果钥匙左边没有东西，那么就不动它）。而后，将神秘物品和它右边的东西换一下位置（如果右边没有东西，就不动）。

●将硬币和它左边的东西交换（如前，如果左边没有东西则不交换）。

就像承诺的那样，我现在要找到你的神秘物品。伸出你的右手，拿起最右边的那个东西，这就是你的神秘物品！

我遵循我的承诺找到了你的神秘物品（不是它是哪个，而是它在哪[①]）！

———————————

[①] 我使用的语句都是很准确的（我"找到了"物品的位置，而不知道它是什么），但是你可以用你自己的想法进行演绎。人们也可以称之为大型混乱……然而，练习却没那么让人吹嘘，这是语言拥有可以影响我们的权利的直接例证。

●●● 解释

这个实验做起来很有意思。由于里面包含的数学原理，这个实验才得以成功（是的，这也是心灵魔法[1]的一部分）。这个实验有三重好处。

◆藏在这个实验背后的数学原理，让它在任何情况下都100%奏效。

◆你也可以远程做这个实验（通过电话、微信、短信等）。

◆你也可以同时让很多人做。如果你想的话，还可以让更多人完成它!

教其他人做这个实验时，下面的四步要记住。

1 要求一个朋友拿出钥匙，一个物件和一件神秘物品。让他在自己的面前摆成直线，并且把它们混合在一起。在这个实验过程中，你背转过身，看不到他正在做什么。

2 要求他更换钥匙和它左边的东西的位置。如果左边没有东西，则不调换。

3 要求他更换神秘物品和它右边的东西的位置。如果右边没有东西，则不调换。

4 要求他更换物件和它左边的东西的位置。如果左边没有东西，则不调换。

在这四步完成之后，你就知道他的神秘物品的的确确在右边。你就可以像我在第一部分那样做个总结，或者是营造一些紧张气氛。你可以说：

————————————

① 详见《大脑知道答案》，第5页。

"用你的右手，拿起中间的东西……让我来集中一下……用你的左手拿起左边的东西……我再集中一下……好了！你可以将手中的东西和钥匙放回去了，因为你的神秘物品就是桌子上剩下的那个！"

也许你好奇心很重，下面是6种起始情况可能性的步骤（和结果）。我把物件写作"P"，钥匙写作"C"，神秘物品写作"O"。

第一步	第二步	第三步	第四步
P C O	C P O	C P O	P C O
P O C	P C O	P C O	P C O
C P O	C P O	C P O	P C O
C O P	C O P	C P O	P C O
O P C	O C P	C O P	C P O
O C P	C O P	C P O	P C O

你可以看到，有83.3%的概率，物件是在左边，而钥匙在中间。如果你想要让游戏更刺激一些，你可以冒险给出最后的这些位置。

为了让这个实验看起来更清晰，或者如果你想要跟一个人换一种方式进行，可以在网上搜索观看其他人做这个游戏的视频。

你可以从这些展示中得到启发，或者只是播放视频，让一个朋友按视频中的展示做。

记好这四步，你将会一直达到这样的效果，不需要任何的准备。你可以让很多人同时做！

Cette page a _____ voyelles et _____ consonnes.

Veuillez compléter la phrase ci-dessus …

这里面有 _____ 个元音字母和 _____ 个辅音字母。

请填写。

动作和语言一样会说话

　　肢体语言学认为人的每一个动作，每一个肢体所处的位置，都包含有确切的隐藏含义。但并没有一项研究可以确认这门学科的进展，因为相比于呈现出来的现实，其包含的神秘信息更多。

　　如今，这类伪科学被我们之中最有学识的人全部束之高阁。这种放弃既让人遗憾，又像是一种盲目的认同。如果人们对其加以分辨，并且同其他多重学科的研究进行验证，就可以得出结论：我们依然可以从我们的谈话对象那里通过观察他的动作，获取信息。

●●●象征

　　根据美国心理学家保罗・艾克曼[①]的定义，象征具有非常确切的含

―――――――――

① 保罗・艾克曼，著有《说谎》。

义，在文化群体内部被视为常识。代表胜利的V，是用食指和中指摆出来的。相对于收起来的手指，悬空的手指，紧闭的拳头和伸出的中指，都具有积极含义。人们有时候也会把这些称作"自主行为"，也是动作研究专家亚当·肯登的叫法。

除了人与人之间的讨论外，人们在说话时做出的动作，也不完全具有含义。对话的含义体现在说出的语句、使用的语调和表情的表达中。象征则与之相反，它们的含义是如此的清晰，以至于动作本身就足以理解。

继续研究的意义在于，与很多非语言上的元素相反的是，你不必学习已有的象征，因为它们的含义，你已经全部了解！没有必要向你解释从上到下地点头或者是紧握拳头，伸出食指快速按摩太阳穴意味着什么[①]。

●●● 发现一个象征

要把一个没有被掌握的象征视作说漏了嘴。因此，考虑到它是在无意识状态下做出的，这不是一个明确的行为。2016年10月13日，当尼古拉·萨科齐在法国电视一台参加法国总统右翼共和党初选时，他一边说话，一边双手竖中指。这不是一个深思熟虑的动作。正是这个原因，他的表现并不完美。

因此，你要关注那些仅仅作为部分出现的象征（半耸肩，无意识下

---

① 这些罗马人都是疯子！更何况，在我最喜欢的奥勃利旁边放上两个阿斯泰利克就很有趣（奥勃利和阿斯泰利克为法国漫画人物，出自《高卢英雄传》）。

做出的承诺等）。在绝大多数的情况下，这种象征性的过失会在一个不正常的情境中产生。设想一个人听着你说的话，脸却靠在握成拳头的手上。正是这样一个拳头，它的中指却伸出来，以支撑部分脸颊。做这样一个桀骜的动作的方式并不合理，它的含义却一样明确！

●●● 如何分析它们

在测谎的练习中，象征的缺失并不意味着这个人说了真话。同样的，一个撒谎的人也不是系统地做出象征性的错误。相反，当你在一个人身上侦测到象征性的过失时，那么这是令人可信的。它明确地告诉你，在这一刻这个人在想什么，而且理论上来说，他不想让你知道。它的含义正是我们在谈论的这个象征的含义。

●●● 举例

你观察到一个人一侧的肩部做了动作，就像抽搐一样，这可以让你确定某件事。这就是动作上的失误。如果这真的意味着一个不受控制的动作（在你的认知里，这个人没有这样的习惯动作），你就可以推断他在怀疑自己的言论（或者是他知道他错了）。典型的一个例子，肩膀下垂，就意味着"我不知道，我不确定"。

●●● 注意

永远不要忘记，将动作看作某种象征含义，是一个人的根深蒂固的无意识表现。你要一直注意它的文化。

以自杀为例，欧洲现在的趋向是，人们将两个手指指向太阳穴，来模仿朝头部射击。在日本，人们使用的姿势则是朝着肚子打一拳，就像是在模仿切腹自尽。而对于一个来自新几内亚的人来说，人们像要割断喉咙一样，把手放在喉咙上表示自杀。

再如，拿出你的右手，把食指和中指放在一起形成一个环。在法国，我们将这个姿势比作0，来表示有些东西是毫无用处的。在日本，同样的姿势则用来谈论钱。在美国，这个手势则说明某件事没问题。而在地中海地区，这个动作用来代表同性恋。

就像我们经常强调的那样，对于非语言的一些动作，做到具体情况具体分析是很有必要的[①]。

---

① 参见《大脑知道答案》，第32页。

如何在短时间内集中注意力

如何在短时间内集中注意力？准确来说，在120秒内，你就可以做到！我每次登台之前，或者我感到走神，要重新把注意力集中在某个确定的行为上时，我就用这种方法。比如，在写本节内容的过程中。这个方法分为三个阶段。

1···使用这种呼吸方法，呼吸30秒

为了让你呼吸到新鲜空气并且放松（让胸腔里的其他神经元得到放松），只用鼻子呼吸。在整个过程中，嘴巴始终保持紧闭的状态。

通过鼻子进行深呼吸。在4~6秒内，让空气尽可能地充满肺部。

停止呼吸，休息大概5秒钟。同时，在脑子里计数。

轻轻地呼气，仍然只通过鼻子。要注意，在4~6秒的时间内完全将肺部空气清空。

停止呼吸，休息一下。

在你感觉需要空气的时候，请再做一次，不需要勉强，一般只需要2~3秒。

重新再来一次，一共做3次。

2···独处30秒

在无聊的事物和你需要集中注意力的原因之间，你需要创造一个减压室。

避免跟你周围的人进行无意义的对话。闭上眼睛，试着停下你的感受，只留下你自己和你的目标。回忆一下，为了什么目的，你需要集中注意力。

这个步骤是必不可少的：你的意愿是帮助自己集中注意力。就像其他步骤一样，这个方法运用得越多，练习得越多，就越有效。这是一个正向循环。

3···花一分钟，集中想象几张图片

在这最后一步，我强烈推荐你闭上眼睛。我们将要围绕着你的想象力和具象化能力而不断努力。你脑海中想象出的图像质量不重要，重要的是这个过程，你尝试实现不同步骤的时间和方法很重要。

想象一下，有两条平行的铁轨在你的面前。它们从你脚下出发，直直地向前延伸，消失在地平线上。你就一直看着，它从你的脚下一点点地延伸出去，直到视线尽头，在那里，铁轨汇聚成一个点。请花点时间，"真真正正地"看着这些铁轨，一点点向远方"延伸"。

然后，你睁开眼睛，呼吸2~4秒。并重新闭上眼睛。

现在想象，在你前方有一个充满光亮的点。想象一下，你的眼睛控制着它。你需要在脑海里通过转动你的眼睛，想象这个充满光亮的点是一只记号笔，绘制无穷尽的符号。再来一次，花点时间来将这个躺着的8视觉化。重新绘制这个符号至少3次。

不用重新睁开眼睛，现在，你开始想象在你的面前有一幅巨大的画作，上面写着一个单词"MENTAL"（精神）。花点时间，好好看着这个单词，一笔一画地看着。现在，在脑海中用橡皮擦掉L。你还是一笔一画地看着这个词MENTA，但L消失了。你还是视觉化这个词，只是再看不到L。当你做到这一点，你能看到正确的词时，再擦掉A，视觉化MENT这个词。你继续一笔一画地擦掉每个字母，直至图像变得空白。

当一切都完成后，你就完全地集中注意力了，可能你第一次就会成功，在有意识的行动下达到了真正集中注意力的状态。你习惯了花几分钟的时间来集中注意力，你就会越来越容易地保持精神不会分散的状态。

用几个简单的词操控

我们有一种趋势，认为词汇来自我们的想法。事实上，对词汇的认知、看法影响了我们的思考方式。从逻辑上来讲，如果人们可以改变一个词的认知含义，那么就可以改变使用它的人的看法。一旦意识到这一点，就很容易知道一个人是否在试图影响我们。

如果我们没有词语来组织我们的想法，那么我们的理性将会更加晦涩，变得更加感性。语言学家瑞士人弗迪南·德·索绪尔解释道，缺少符号（语言），我们将无法用清晰而确切的方式区分两种观点。因此，使用语句来呈现物品、概念、感觉等是必要的。正因为如此，语言也同时衍生出了很多细微的含义差别。

对此，政治家和谈判员已经研究了几十年了。他们通过表达正向的积极概念，避免让人们产生消极的想法。

在这个阶段的阅读中，也许你会对这个概念的真实性产生怀疑。举个例子。

自2016年以来，除了演出和著书之外，我还在"油管"平台上制作了很多视频。有时候，人们将我定义为影视工作者，而有时候又将我称为"影响家"。"影视工作者"这个词代表着一种工作方式：他做视频，所以他是视频工作者。而"影响家"一词也有另一种含义，这个人通过围绕着他的团体的存在而存在，并且可以通过站队（对于一个主题、一个品牌、一个物品等）影响这个团体的选择。这两种其实指的是同一个人，但一个人有影响力的表现与一个人是视频工作者呈现出来的影响则完全不一样。

在曾经的新闻中也可以找到更有说服力的例子。在海湾战争期间，"轰炸"这个概念就被"外部冲击"代替了。通过"外部冲击"这个词，在大众的精神上播种了一个正向的概念，而抹去了毁灭的观点和炸弹导致的负面影响。不幸的是，在现实生活中，却没有那么多的改善（人们真的在那里找到了杀伤性武器了吗）。

弗兰克·勒帕热①，大众教育的狂热分子，在他的节目中解释道，多年前那些社会劳动者曾经被称为"被剥削者"。这不是贬义的概念，

---

① 弗兰克·勒帕热，来自《文化匮乏1：大众教育，先生，他们并无打算……》的演出片段，2006年。

但同时也表明，他们被剥削是第三方因素导致的。这个概念已经被"条件差"的概念所取代。在这个概念中，人们取消了一个受质疑的概念，而用"不走运"这个概念来代替。因此，对于社会劳动者捉襟见肘的生活状况不再负有责任，而认为这只是偶然的产物。

文笔和语句具有同样多的技巧可以用来操控人们的思想。我听说过一些方式，通过笔法，可以将一个事情变得更有说服力，正如：

●●● 委婉的说法

比如，人们不再说大规模裁员，而是说运用社会计划来保护雇员。

人们会关注在雇员的保护上，而不再是损失上。

●●● 逆喻

比如，人们不再说衰退，而是说负向增长。

它在提高……但是相反的是……它仍在提高……但相反的是……

●●● 囊括法

比如，人们不再说雇员，而是说合作伙伴。

一方面，这可以实现一个目的，反对支付固定工作时间的薪酬。

另一方面，可以让人们投身于一个共同的项目，而不去计较时间。

当然还有其他方式，通过选择词语来改变和另一个概念之间的关系。比如，学业上的失败有时候被称为"另类的成功"；"猪"，一旦被放进了盘子里，就会称作"猪肉"。

现在，你明白那些隐晦的方法是如何改变我们的想法了吧，试着在对话中打破人们说的这些词语的含义并加以注意。也分析你自己的词汇来加以确认，尽管，人们往往没有在你大脑的想法里加以预设。

孔子说过："不学诗，无以言。"

给你的记忆吃一颗"兴奋剂"

　　我也可以把这一节称为"记忆术的功效"。人们经常忘记写n（对于跟记忆相关的词来说，这是个顶点），在这个复杂的词背后，隐藏着我们记忆的秘密之一。

　　将记忆术视作一种简单方式来记住大众文化中的一些小东西是大材小用的。事实上，这是非常有效的，并且要掌握诀窍才可以更加深入。这就是本节的目的。

　　在你迷人的大脑中，每一个新信息都是由海马体分解而来，在将记忆存储在大脑相应的区域前给出一个身份表，而不是无所事事。所有的因素都在它们之间重新联系起来，就像在两个神经元之间有一条小路将它们联系起来一样。你在这条小路上走得越多，这条路就走得越容易

（人们就越容易想起这些信息）。

这种不同的元素之间的网络解释了观点的融合。56k调制解调器的声音让我想起了我青年时期，我的第一台电脑，我妈妈用的柔顺剂的味道，充满了我的房间。

你的记忆存储了一定数量的信息，它需要一个"记号"来激活它的联系。困难不在于本身的学习过程，而是找回的过程。正是由于这个原因，记忆的重大秘密就是给它"记号"。一个可以跟随并且引领着你直到想要找寻的信息的路线。

●●● 快速阅读下列人名

尚格·云·顿，拿破仑·波拿巴，圣女贞德，阿尔伯特·爱因斯坦，迈克尔·杰克逊，达斯·维德，海绵宝宝，唐纳德·特朗普，让·杜雅尔丹，丹尼·伯恩，女王伊丽莎白，佛罗伦萨·福雷斯蒂。

只是简单地读一遍，你是很难回忆起这些全部名字的。

现在，试着阅读这些提示，重新找出下列名字：

– 小老弟

– 武术

– 他拥有超凡的大脑。

– 他让人感觉在月球上行走。

– 皇帝

– 它住在水里或者洗碗池中。

– 女性幽默作家。

– 她听到了神的召唤。

– 我是你爸爸。

– 白宫

– 打破（了原力的平衡）。

– 大本钟

你会发现，以上这些词语可以帮你瞬间想起信息！

不要满足于运用记忆法来学习一串词语。它也可以帮你记住一节课、一篇文章或者是一个讲座中的重要信息。

那么，应该如何创建一个好的记忆法系统？

1···最大程度地简化信息

用一本小说为例，想象一下你要记住第一章节。与其尝试用线性的方式来学习，你可以找出地点、人物行为、他们的感受。这种简化工作可以让你清晰地辨别出你要用记忆法学习的元素（因为要点的综合接下来可以帮助你回忆起其他的东西）。

2···找到一个与你完全合拍的方式

正如你在这本书中看到的，创建一个记忆法体系没有任何规则。你可以给一串字母进行编码，创建一个关键句，发明一个谚语，做韵脚，使用会说话的图像，找出一系列的数字。这一切都取决于需要记忆的内容和对你来说最能引起联想的内容之间的精妙组合。

3··· 在基础的体系之上，使用颜色、声音、气味

要有创造性，以你要记住的一个复杂的药名为例，定义那些规则。

如果我要记住水杨酸（法语：acide salicylique），我会想象出一个字谜来将它的每个部分视觉化。我会给我的字谜加一个颜色（粉色，法语rose）来提醒我这个分子可以用来对付毛囊角化症（俗称鸡皮病，法语：Kératose pilaire）。我的字谜就会是一张纸牌（一张AS），苹果酒（法语：cidre），一张流着口水的嘴（法语：salive）和一个用自行车轮胎做成的时钟（法语：cycle和cyclique）。

我会将这个整体联合起来，从说纸牌A开始：一张人形纸牌（就像《爱丽丝梦游仙境》里面的A一样）打开了一瓶苹果气泡酒，开始馋得流口水，但是，就在它喝之前，一个自行车轮形状的钟响了，循环开始了。

这一切的东西都是粉色的[1]。但是再简化一些，我可以用黄色（法语：Jaune）的字谜定义所有的我学到的分子，黄色意味着这个词以LIQUE结尾。在这种情况下，我只想象出一个A和一个黄色的脏裙子（法语：sali scie和salicy）。

这个关于分子名字的例子只是为了复杂地向你们展示，你们可以走得多远。

――――――――――

[1] 在这里，作者用字谜的方式让你记住水杨酸的法语拼写。

4···做一张复习纸或者是在一张纸上做一个记忆卡

一旦你的记忆法系统成型，你可以用创造性的方法制作一张复习纸或者一张思维导图。你将要画出来你脑海中所想的东西和它的含义，如果是直观的，可以用最图像化的方式写下你的密码。

比如，大型油轮上的一组打击乐器

在画的左边，我写上大个的BA，在右边写上TRI。

这样我就可以记得左舷（法语：bâbord）在左边，而右舷（法语：tribord）在右边。

10×20

心算，10~20的两位数的乘法

当我的朋友大卫①去年带我了解了这个方法之后，我扪心自问，为什么在我年轻的时候没有学习这个。你将能毫不费力地通过心算，计算10~20之间的乘法。为了毫不费力地实现这个表演，你应该将1~9之间的乘法表熟记于心。再看一下前面的一节"你的手指就是计算器"，如果你想进行回顾的话。

最后，为了让这个方法变得更清楚，我将非常详细地解释在你的大脑中这是如何运作的。花点时间慢慢阅读，同时进行练习。心算的清晰度有50%取决于听着的人。获得这项技能的唯一方式是缓慢地阅读，并且同时在脑海里进行每一步。

———————————————

① 选自油管频道《大脑宇航员》(Mn é monaute)。

比如，偶然的两个数相乘：15 × 17。

1 想象这两个数字，尽管你不能完全将它们视觉化，你也应该在脑海中进行想象。将最大的数字放在最小的数字上面。

17
15

2 提取出较小数字的个位数，与较大数字进行相加。将这两个新数字相乘，把结果记在脑海里。

17	17 + 5	22	22 × 10	220
15	15 − 5	10		

3 将每个数字的个位数提取出来做乘法，把结果记在脑海里。

17	7	7 × 5	35
15	5		

4 将记在脑子里的两个结果相加。

220	220 + 35	255
35		

因此，15×17的结果是255。真实的速度，你可以只用5秒钟完成这样的计算！

第二个例子：19×14的速算过程。

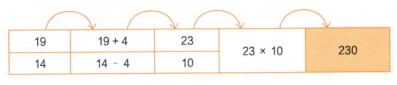

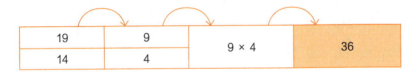

最后一个例子，快速计算出17×17。

试着做一下，但不要看后续，然后再核对答案。如果你的结果是错误的，就按照表格核对一下自己哪一个步骤搞错了，这样下一次就不会忘记了。

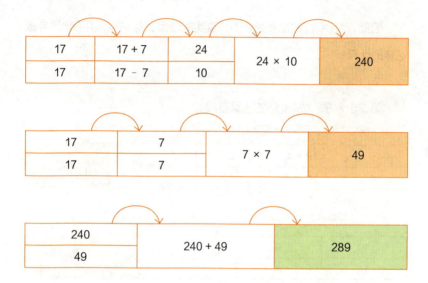

我确定，你会很喜欢这个诀窍，并且非常喜欢使用它。在如今，有能力进行心算（或者是给出一个足够确切的估计），被很奇怪地视为一种能力了。我们已经如此习惯于将之付诸计算器，而忘记了，我们自己也有能力做到。

但你还有能力做得更好！对此，在后面的章节中我们还会说到。

猜一个人的幸运数字

通过这个虚张声势的实验，你将能够假装有着无边的记忆，或者有能力识破一个人的声音的最细微的变化。这个方法的好处是展示它，你不会有任何担忧，因为心灵魔法将魔术和数学进行了无缝融合，可以给你百分百的自信。

●●● 展开

让一个朋友给你读一长串数字。可以是社保号码、银行账号、一本书的书号，一张银行票据的号码等。为了让这个实验更有趣，需要至少15个数字，没有上限！

在第一遍朗读之后，让你的朋友在数列中选出他的幸运数字，但不要告诉你是哪一个。

一旦完成之后，让他重新读一遍这串数字，并跳过他的幸运数字（但显然要在脑海里记住……否则就没有尽头了）。

举例来说，

第一遍朗读：12345678987654321

他悄悄选定了第二个7。

第二遍朗读：1234567898654321

在第二遍朗读结束，你就能够说出来哪个数字被拿掉了！你可以让人们相信你已经一丝不苟地记住了这个数列，或者是你已经注意到了声音的变化。这一切的展示都是为了在你的朋友面前虚张声势，你的方法是完全理性的。

●●● 方法步骤

第一步

你将要用到我们的十进制计算。如果你有能力完成0~9的两个数字的相加，那么你就有能力获得成功！

当你的朋友第一次读这串数字时，要求他读得慢一些。要在每个数字之间留出时间。

在这个时间内，你只要把你听到的数字简单相加就可以了。

比如，42216094：4然后2（你记住6），然后2（你记住8），然后1（你记住9），以此类推。

每次数字成为两位数，你就删掉脑海中的十位上的数字，只保留个位数。如果加法结果是14，那么你在脑海里只记住4就可以了。如果一个加法结果是10，那么你在脑海里只记住0。

比如，42216094：4然后2（你记住6），然后2（你记住8），然后1（你记住9），然后6（你记住15，但是你删掉十位数字，只剩下5），而后0（记住的还是5），而后9（记住4），而后4（记住8）。

就这样你进行到数列末尾，你在你的脑海里记得最终答案。在我们的例子里是：8。

第二步

你的朋友再一次读这个数列，跳过了他选择的数字：幸运数字。按照第一步的方法一样计算这串数字的结果。

比如，42216094：4然后2（你记住6），然后2（你记住8），然后1（你记住9），然后6（你记住5），而后0（记住的还是5），而后4（记住9）。

就这样你进行到数列末尾，你在你的脑海里记得最终答案。在我们的例子里是：9。

第三步

为了确定是哪个数字被拿掉了，很简单，你只需要用第一步中的结果减去第二步的结果，结果自动成为你朋友选定的数字！

有三种情况

1. 第一步的结果比第二步的结果数值大。在这种情况下，做减法，结束。

   例如：5-2=3

2. 两个结果相同。在这种情况下，你朋友选定的数字是0。

   例如：7-7=0

3. 第二步的结果比第一步的结果数值大，就像我的例子42216094。在这种情况下，在第一个结果上加上10，而后做减法，结束。

   比如，42216094：我在第一个结果加上10，我得到（10+8）-9＝9

花点时间练习这个思维体操。只需要十几分钟，用20多个数字的数列进行实践，你就可以完全轻松自如地应对。最终的效果是唬人的，对面的人也没办法解释。

●●● 技巧总结

你可能会疑惑，为什么不是简单地计算每一串数字的总和（而不删掉十位数字）。

答案很显然，当一个人在正常的速度读十几个数字的时候，你试图做计算，很容易搞混。因此才需要简化。

永远不要忘记你的日程

如果有一天我们相遇，我将能够向你说出这一年我的全部计划和安排，不论什么时候。只有我的大脑能提供给我卓越的可能性，除此之外，我什么都不需要。其实，你也可以做到！

首先，我推荐你使用纸质版的日程表（或者是数字化的）来回忆所有的约会事宜和其他需要完成的任务。之后，你还可以：

◆在心里记住你一天的计划。

◆在心里记住你一周的计划。

◆记住整个一年的计划。

对于这些全部壮举，我们会使用三种你已经了解的技巧：

◆精神故事（如果可能的话有一点兴奋）。

◆记忆表格（例如，对于时间）。

◆记忆宫殿（对于星期和年）[1]。

作为额外奖励，你可以去看《大脑知道答案》第一季中"熟知一年中的每一天"这一节，来了解一下如何找出一年中的每一天都是星期几的基本方式，或者是看这本书的"变得比万年历还要厉害"这一节来获得更完整、且更复杂的方式。

●●● 一天的计划

不会有比这个更简单的了！每天晚上，或者每天早上，你都查一下你的纸质版日程本，简单地构建一个精神故事。这个故事越怪诞，你就能记得越清楚。为了记住时间或街道的号码，可以使用你的记忆表格[2]。

一个范例好过千言万语，这就是我明天的安排：

9点：英语对话课

写书

13点：和罗拉一起午饭

寄信

15点：和卢瓦克一起在办公室拍摄

18点：《世界报》的采访

---

[1] 参见《大脑知道答案》。

[2] 参见《记忆的终极武器》。

●●● 我会这样来想象这些事情

有人往英国（英语课）女王的裙子上扔了鸡蛋（9点[1]）。她把书（写书）页撕扯下来擦裙子。书的封面是一张照片，我的朋友罗拉正在吃一个巨大的草莓（13点[2]）。封面掉了下来，折成了黄色的纸飞机（就像邮局的那个标志[3]一样 [去邮局]）。大夹子[4]（15点）给纸飞机充电让它飞了起来。再看附近，是卢瓦克驾驶着这个飞机在拍摄（拍摄）。他走进来，穿着三角裤（18点），注视着远方的世界（《世界报》的采访）。

我用短短一分钟的时间就可以创造出这个值得获奥斯卡奖的故事，来记住这一天的安排。如果有的事情改变了，添加或者是取消了，那么就根据情况，相应地调整我的情景就好了。

●●● 一周的安排

如果人们仔细思考的话，意味着只要编出对应每一天的七个故事。为了记住它们，你将要使用记忆宫殿[5]的方法。对此，我推荐你专门为你的日程本创建一个新的记忆宫殿（如果你不了解的话），它的用处物超所值。

———————————

① 法语中的鸡蛋为Deuf，九为neuf，发音类似。（译者注）
② 草莓法语为fraise，13法语为treize，发音类似。（译者注）
③ 法国邮局的标志是黄色。
④ 夹子法语为pince，15法语为quinze，发音类似。（译者注）
⑤ 详见《大脑知道答案》，第77页。

如果你对记忆宫殿不熟悉，不要慌张。在这里，你只需要一个简单的培训就可以应用它。办法就是，想象一个你烂熟于心的地方（如你的房间，或者你的整个房子），在这个地方想象出一条路线（如大门、厨房、客厅、卧室、浴室）。而后在脑海里，你想象着可以在不同的房间里放入图像，当你畅游在精神世界里的记忆宫殿时，这些你放好的图像就会回到你的脑海里。

以我个人为例，我用我以前的工作场地之一巴黎的分号剧院，在那里我演出了三年。对我来说，它包含7个明确的地方：

① 售票处，对应周一。

② 剧场里低洼的部分，对应周二。

③ 舞台，对应着周三。

④ 阳台，对应周四。

⑤ 控制室，对应周五。

⑥ 后台，对应周六。

⑦ 化妆室，对应周日。

而后，对一个星期中的每一天想象一个故事。将这个故事和每天的地点对应起来。如果用之前的例子，我的想象故事从这儿开始：英国女王正在卖演出票！你可以在你的日程安排里，根据变化逐渐调整故事。

我也建议你用一个特殊的人或事来代表没有约会的自由日。比如，你可以用一个明确的人或者是具有代表性的物体。将它们放在你完全没有事情做的那天。这个窍门可以让你确定那天你是自由的，而不用自我怀疑是否忘记了日程安排。

●●● 一年的计划

你也可以将这一年的关键事件都放在一座十二层的记忆宫殿里。而且，我推荐你花点时间，建造一个新的记忆宫殿（我知道时间可能会有点长，但是永远不要忘记你正在创建将会受益一生的工具）。在这个宫殿里，你将要把纪念日、出行、重要事件、婚礼等都放进去。对我来说，我会把拍摄的事件都放进去，就可以一直知道我是不是在家。

比如，巴蒂斯特的生日是10月21日。

我会在记忆宫殿的10楼，在这种情况下，这是我的第10个住所，因为从我出生开始，我住在12个不同的地方（因此，这很方便）。没有明确的顺序，我在我的大脑公寓里进行神游的时候，放下了所有跟10月有关的东西。而且我发现，我的朋友巴蒂斯特正在浴缸里看着一块飘着的蛋糕，在蛋糕上的蜡烛之间有一辆迷你小火车……

即10月一巴蒂斯特一生日一21。

一旦，每天清晨你开始记住你的每一天的安排，你就再也离不开它。因为有一个日程本的大脑版本，对你来说简直太自由了。

通过催眠控制身体

催眠，远不只是一种表演性的情感表达方式，更是一种心理学工具。

然而，对于催眠没有相信与否。我们可以生活在不同的意识状态中（正如醒来或者是被叫醒）。催眠既是一个完成的方式，也是心理学使用其中一个状态的方式。

这些改变的意识状态可以对我们的身体进行一些特定的掌控。我们了解安慰剂的功效（安慰剂的作用是主观却真实的，通过一个没有明显效力的药物施加到一个人身上），我们习惯于想象（拥有一个实际的回应，精神压力的机体），但是我们对大脑掌控身体的无与伦比的可能性却很少感兴趣。

因此，我们可以带着一定的掌控力，改善我们的身体，减缓痛苦，更容易地集中精神，等等。有些人也假装我们有自我疗愈的能力。在这一点上，没有什么得以证实，但也不是虚幻的自我欺骗，如果我们在解决问题的时候更有掌控力，我们也可以改善我们的健康。

为了让你更熟悉自我催眠的过程，我建议你可以做一种基础练习，不需要催眠师的介入。

1 把你的手臂向前伸，拳头紧闭。让一个朋友尝试着弯曲你的手臂。你需要尽可能地去抵抗，直到你的朋友成功。

2 站直，胳膊放在身体两侧。闭上眼睛，深呼吸，集中注意力。你可以用《如何在短时间内集中注意力》这一节里提出的方法。

3 睁开眼睛，深呼吸，将你的胳膊向前伸。想象你要把自己挂在你面前的一个确定的点上，例如，房间里的一根柱子上，墙壁的一角，窗户的门框。将你的胳膊向着这一点前伸，将你的手和视野连成一条线，把手握成拳头，自言自语："我把自己挂在这个点了。"

4 不要把目光移开这个挂着的点，脑海里重复着："我已经把自己挂在这个点了。"现在你可以让你的朋友再试着弯折你的手臂，不要将眼光从这个点移开，在脑海里进行尽可能多的演练。

5 当你想停下来的时候，试着放开你的拳头，就好像你已经放开了你挂着的点，而后放松胳膊。最后，你的视线可以移开这个点。

你有没有观察到，在这样的情况下，你的朋友几乎无法弯曲你的手臂了？然而，你在这期间可没有锻炼出大量的肌肉。只是你的精神调整了你对压力的抵抗力，通过你的手臂表现出来了。

相反，在这个练习里，你可以指导着一个人，在口头上指导着他进行以上步骤中的前三步，而后规律地用声音来让他确信："你已经把自己挂在这个点了。"

事实上，催眠只能通过催眠者被引导，是牵涉其中的人完成整个精神过程，要么全神贯注，要么任人摆布。我们不是总有办法操纵我们的整个身体，但一个意识被改变的人可以让我们暂时发号施令。

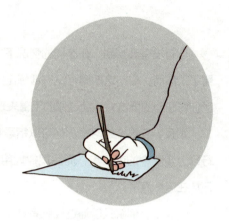

读懂笔迹

　　这明显是一类让人变得"严肃"的定义，也让人对此付诸信任的"词语"。

　　维基百科给"笔迹学"的定义是这样的：

　　笔迹学是一种分析笔迹的技术，它的科学性不是从一个人的手写文字风格出发，不是建立在系统性地摧毁个体个性的心理学特点上的。笔迹学是以书法符号的方式描绘出来，集合成症候群，让笔迹学专家将笔法风格或写作浪潮，和某种性格类型或某种预先存在[①]的性格分类联系在一起。

　　大部分人运用这种方法来确保能够给一篇手写文本的作者的背景添

────────────

[①] 关于笔迹同人的精神联系的思想源于古希腊亚里士多德等人的表述，到了19世纪后半期由法国天主教神甫米绍引入文学中。

加一些元素。

当人们了解它的历史时，人们发现这种心理学的分析形式已经被多次质疑过。任何一项为了确保一个人的心理状态和他的字迹之间的关联性而进行的研究，从来没有得出有说服力的结论。这样更好！1989年，INC[1]完成了一项研究，不同的笔迹学专家研究了一组公众人物的书写风格。并不知道每种笔风从属于哪个人物的笔迹学专家们给出了截然不同的结论，甚至是相反的结论！

然而，这项心理学研究也不应该被忽略。在20世纪90年代，也被称为"笔迹学的黄金时代"，90%以上的企业在他们的招聘面试[2]时，求助于这项研究。1999年，针对62家招聘工作室，其中还有很多猎头，完成了一次问卷调查，结果指出他们中高达95%的人有时候会使用笔迹学，而50%的人则承认他们会借助于系统的方式[3]。

正因为如此，对笔迹学的研究兴趣显得重要。正如很多心理科学家认为，人们可以轻易地（而且理所当然地）抛弃所有方法。同时，他们也认为全世界都做同样的事情，未免太过幼稚。对一个主题的了解，可

----

① 即Institut national de la consommation，全国消费研究所。

② 玛丽露·布吕雄 – 施魏策尔（Marilou Bruchon-Schweitzer），多米尼克·费里厄（Dominique Ferrieux），《在法国，招聘中使用的职员评估方法》（Les méthodes d'évaluation du personnel utilisées pour le recrutement en France），选自《学业与就业指导》（L'orientation scolaire et professionnelle），1991年，20期，第1号。

③ 玛丽露·布吕雄 – 施魏策尔，《笔迹学，糟糕的法语》（La graphologie, un mal français），选自《为了科学》（Pour la science），2020年2月，268期。

以让那些相信它的人更好地理解。因此，我很长时间都在研究手相（解读手上的纹路）。我不相信占卜，但我现在通过占卜学了解了占卜师们使用它的过程和为什么去咨询的人对他们的分析感兴趣。

如果你向一个公司投简历（职位越高，受到笔迹学家评判的风险就越高），你当然可以手写一封求职信。

在这种情况下，我建议你去看一本针对初学者的笔迹学书籍。思考一下你想让你的雇佣者感受到什么。在一张纸上写上全部的优势，和你想摆脱的劣势，而后在书中寻找答案，你将可以根据需要创建一个心理学的背景！这也没有什么不真诚的，因为如果这种虚构的背景起作用了，那也只是研究的笔迹学家用了一种科学上不值得信任的工具。我们只是借助于洒水器将所有的机会都洒在了你这边！

不论发生什么，都用规律的方式书写，在写一封信之前完全放松，进行一些注意力集中的练习，充满信心，在每两行之间留好空白，注意你的签名！它应该和你的笔迹比例相同。

这一节的最后，给出一个更加理论化的真正结论：

永远不要忽略一种知识。

好奇心应该用在更有意义的事情上。

（而不仅仅是有用而已）

更好地理解这个世界和其他人是如何生活的。

持续学习的秘密

你知道如何持续学习吗？

在读这本书的时候，你可能感觉你有预感，对我给你的大部分的建议有所了解。你可能已经经历过这样的时刻，当你跟朋友玩文化常识游戏的时候，你觉得你已经知道了答案，然而却是另一个人给出了答案！

这种情况十分常见，这个被称作"后见之明偏误"。我们的这种记忆幻想产生了两个复杂的待解决的问题，因为在某个特定时刻，我们都很真诚地思考解决之道。如果就在你听到有人在游戏中给了答案之后，你确定"你知道"，是因为你真切地认为这是对的……

当一个信息是符合逻辑的、清晰的，包含着我们已经知道的不同的元素时，我们的大脑就会感觉它之前已经知道了所有的一切。毕竟我们的大脑是无与伦比的，有时候，它还有一些自大。

比如，你很了解澳大利亚。你也很了解堪培拉、悉尼甚至墨尔本这些城市。这些都是你在脑子里已经有的元素，但是它们之间的联系，你也知道吗？

第一个问题就是对新知识的否认，因为你自认为已经知道了这些信息。你习惯的学习过程不是像它应该运作的方式运作的。对于你已经知道的知识，你会很少关注，而你也没有情感上的动力来记住这些新的记忆。这也就意味着，你往往需要将已经拥有的信息联系起来用以创建一个新的信息。

第二个问题就是，你对此将要给予的可信度和对可供你使用的知识储备给予了少得可怜的精力。在《大脑知道答案》第一季中，关于我给出的窍门，我已经写过："想让它管用，用它就足够了。"如果有人给了你一个建议、一个窍门，它们包含了你已经熟悉的元素，对你来说，它们看上去也没那么有效，没那么有意思，因为它们让你觉得没有陌生的、可供拓展的东西的感觉。事实上，你往往不会思考如何实践这个建议或窍门。

幸运的是，对于你和我，产生意识已经是最好的对抗方式了。保持警惕，面对你认为已经知道的事情，最好置身事外地审视。

相反，当你想要教另一个人一些东西时，你担心他也有这种错觉，那么就从问一个问题开始吧。在先前的例子中，我可以问你："你能凭借直觉给我列出三个澳大利亚城市吗？"

如果这个人认为自己不知道答案时，那么他就更适合记住新知识。带着这个窍门，你可以抓住听你说话的人的注意力，帮助他们完全注意到你将要说的，就像我在这一节开头所做的那样。

此外，关于例子，总是有一个问题：澳大利亚的首都是哪个城市①？

---

① 大部分的人都会回答是悉尼，实际上是堪培拉。引导一个人搞错答案也可以帮助他更好地记住正确的信息。人们可以借助情感的力量来修正记忆。

变得比万年历还要厉害

在我的第一本书中，我给了你一个窍门，你可以找到一年中的任意一天对应的星期几（包括上一年和下一年[①]）。有很多人问我，是否存在一种方法可以完成同样的壮举，可以找到任意一天，没有限制？

答案是：有的。但与之前的窍门几乎相反：如果说另外一个方式是极其简单的，那么这种方法将要求你们花点精力做练习，但这可以让你终身受益！这意味着我的精神已经按照莫雷的日历进行过调整了。

如果人们将每个星期的天数用1～7（星期日是1）来排序，可以应用下面的公式：

（年份＋月份＋日期）mod7＝每周的哪一天

[①] 详见《大脑知道答案》，第 41 页。

什么是mod7？

非常简单，就是小数点后面的余数。如果我们用29mod7，就余下1。因为29里面有4个7，剩下的余数就是1。

比如，

15mod7＝1（14+1）；

33mod7＝5（28+5）；

44mod7=2（42＋2）；

14mod7=0（14+0）；

••● **年份密码**

这是最难计算的一步。然而，有三种不同的方式供你选择，你可以选一种你最喜欢的。对我而言，我使用第三种。

方法1

首先是莫雷（Moret）公式，你可以在网上搜索到，也是这本书中最复杂的公式。这要求一系列复杂的计算，此外还要知道每个世纪的密码。

方法2

你可以将下面这些近几年的密码熟记于心。

2018	0	2010	4	2002	1
2017	6	2009	3	2001	0
2016	5	2008	2	2000	6
2015	3	2007	0	1999	4
2014	2	2006	6	1998	3
2013	1	2005	5	1997	2
2012	0	2004	4	1996	1
2011	5	2003	2	1995	6

方法3

你也可以利用这个自然循环来记住关键年。

2010	4	1960	5
2000	6	1950	6
1990	0	1940	1
1980	2	1930	2
1970	3	1920	4

年份密码是按照下面的循环0-1-2-3-4-5-6来进行的，但需要每四年到闰年的时候需要隔掉一。你会发现，不需要真的去计算，就很容易判别一个年份是否是闰年。带着这个诀窍，在了解这些关键年和遵循这个循环之后，你就会很快发现你寻找的年份密码。

为了知道这一年是不是闰年：将年份的最后两个数字除以4。如果结果是整数，就是闰年。（如果年份是整百数，能被400整除是闰年）

比如，

2018：18/4=4.5，所以这一年不是闰年。

2019：19/4=4.75，所以这一年不是闰年。

2020：20/4=5，所以这一年是闰年。

于是，我在脑海里想到2018年。

2010年的密码是4。

2011年的密码就是5。

2012年就是6，但是12是可以被4除尽的，所以要进入下一个循环，也就是说是0。

2013年是1。

2014年是2。

2015年是3。

2016年应该是4，但是因为16是可以被4除尽的，所以要进入下一个循环，也就是说，是5。

2017年就是6。

2018年就是0。

于是，我在脑海里想到1982年。

我知道1980年的密码是：2。

1981年就是3。

1982年就是4。

好好记住年份密码吧，我们很快就会用到。要知道你已经把最难的部分掌握了！

月份密码

●●● 为了掌握好月份密码，你应该记住下面的表格。

一月	1	七月	0
二月	4	八月	3
三月	4	九月	6
四月	0	十月	1
五月	2	十一月	4
六月	5	十二月	6

我推荐你记住这个表格。由此，如果你能把它形象化，你就很容易找到你在寻找的月份密码。而且你也可以将每个月和它对应的记忆表格联系起来。比如，一个圣诞树（12月）和一只毁坏了装饰的猫（对应着6）。

●●● 今日密码

其实不存在今日密码，因为越来越容易了！今日密码就只是你想要找寻的那一天。对于1982年11月22日来说，指的就是22。

●●● 最后的计算

最后的结果来了！根据最初的公式，你将能够辨别出一个确定日期是星期几：

（年的数字＋月份的数字＋天的数字）mod7

根据下面的表格，结果将会指出这是星期的第几天。不要忘记，星期天是一个星期中的第一天。

星期日	1
星期一	2
星期二	3
星期三	4
星期四	5
星期五	6
星期六	0

第一次读，可能会让你有些难以理解。别犹豫，选择一个日期，试验一下，在这本书的帮助下，理解不同的步骤。而后，通过最少的练习，你在几秒钟之内就能找到对应的星期几。

比如，我出生于1982年11月22日。那一天是一个星期中的哪一天？

1···寻找年份密码

我知道1980年的密码是2。

1981年就是3。

1982年就是4。

我把4记在脑子里。

2···寻找月份密码

11月是一年中的倒数第二个月，因此我找寻倒数第二个。

月份密码是：144025036146。

我把4记在脑子里。

3···将三个密码相加再mod7

我重新把22找出来。

我把它们相加22+4+4。

我把30记在脑子里，并用它Mod7。

30mod7=2（一共包含4个7，余下2，即30=4×7+2）

我把2记在脑子里。

4···结论

一个星期里的第二天是周一。1982年11月22日是周一。

预言重复出现的想法——UN7.7N

　　这是可以用来跟你的朋友吹嘘的几个实验之一。这个方法隐藏了一个精彩的原则，将会跟我们的精神逻辑相悖。注意，你可能会成为一个让人意想不到的人！

　　有什么比让你体验更好的介绍呢？在下面，你将会看到分别带有5个不同的标志的5行。这5个标志都是由科学家约瑟夫·班克斯·莱茵（他是超感官知觉的创始人）根据他对于特异心理学的研究提出的。

　　这个假设解释了每个想法都带有特定频率的震动。一个标志，一种颜色，一个声音：所有的想法都可以量化，而且人们可以融合两个想法来获得一个独一无二的签名。

对此，我们将试图一一验证。具体的操作是这样的：

1 你将要慢慢地选择一个环，一个叉，一条波浪线，一个方块和一颗星星。为了让实验变得更有趣，我将要求你们选择五个不同颜色的不同标志。

2 你可以在你的书上记下来，或者在每一个你选取的标志上，简单地放上一个硬币。

3 你已经选择了五种不同颜色的五个不同标志。我无法知道你的选择，以及每个选择包含的不同的含义。

把重复出现的想法和你已经选择的标志结合在一起。你可以根据你的选择得出一个结果。但是你的选择可能已经被这一页的单词的震动而影响了！看这一页的结尾：UN7.7N

你看到U这个对应着"un（1）"的第一个字母，而N是代表"neuf（9）"这个单词的第一个字母。197.79，这个数字让你想起什么了吗？

20,03 HZ   40,92 HZ   61,30 HZ   10,16 HZ   51,08 HZ

21,46 HZ   42,35 HZ   62,73 HZ   11,59 HZ   52,51 HZ

22,89 HZ   43,78 HZ   64,16 HZ   13,02 HZ   53,94 HZ

24,32 HZ   45,21 HZ   65,59 HZ   14,45 HZ   55,37 HZ

25,75 HZ   46,64 HZ   67,02 HZ   15,88 HZ   56,80 HZ

●●● 揭秘时刻

实际上，一个非常富有逻辑的数学原理就隐藏在这个可以和你身边的人玩的实验里。跟随着"五种不同颜色的五个不同标志"的指示，你总是可以通过将它们相加得到同样的结果！

●●● 延伸操作

为了实现这样的效果，你可以简单地重复第一部分的文本，由

此启发或者是彻底地创造属于你自己的吹牛方法。在一张纸上写下
"UN7.7N"，然后在现在这张纸上铺上一张纸（在可视的白边上）。

然后传给你的朋友。

最后，让他把纸还回来。

跟他解释一下UN7.7N的隐藏含义，来向他揭示你已经预测到了计
算结果。

●●● 额外奖励

当我做这个实验的时候，我也喜欢把"197.79"写在我的手心。
当对方在做他的计算时，我把我的手缓慢地从画满标志的那一页伸出
来，就像想要抓住什么东西一样。一旦他完成计算，我就让他读一下结
果。然后我把我的手翻过来，展示写在上面的内容！你也可以在实验开
始之前，通过短信发送答案，这也将会是一个额外的证明，证明你已经
提前猜到了答案。在揭晓答案的时候发挥创意，这也是在做吹牛游戏时
可以运用的小技巧。

最后值得提醒的是，记住所有这些版本。因为每一种形式都会让效
果千差万别。

成为有效的谎言测试器

　　在我的第一本书收到的读者反馈中，最常见的一个就是，检测谎言的训练是很难的。我也清楚这个问题不太容易。当人们对志愿者进行训练时，期待的就是成功的结果。如果最后我们搞错了，这个人的失望也给我们传达了一种非常不舒服的挫败感。

　　在这一节中，我将会给你们两次训练机会，尤其是拥有100%的准确性来发现撒谎的人！

●●● 准备工作

　　邀请两个人与你一起玩游戏，来完成训练。

　　问他们一些寻常的问题，要求他们一定回答真话。你的目的是观察他们的自然反应是什么。

　　而后，要求他们选择一个角色。他们独立选择（而不告诉你）是要撒谎还是要说真话。他们可以是同样的角色，或者是两个不同的角色。他们都需要知道另一个人选择的角色。在这一阶段，你可以离开房间。

　　这一点非常重要！不管选择的角色是什么，每个人都应该在整个训练中保持不变。并且要确保他们都好好理解了这一点，因为一个人越是了解你，他越是要给你制造陷阱！

　　对他们说，在回答问题之前要停顿几秒钟，让你不会把犹豫归因为谎言。

　　你可以提封闭性问题（答案是"是"或者"不是"），或者是开放性问题（自由回答）。根据你的想法，你可以从开头就这样（因此你可以集中研究人们撒谎时状态的改变），或者最后（在他们揭晓是否撒谎之前确认你的假设是否正确）。

●●● 具体方法

　　轮流问他们这个问题："你们是同样的角色吗？"

　　如果一个人说"是"，那就意味着另一个人说的是事实。如果一个人说"不"，这意味着另一个人撒谎。

　　就是这样简单。只有4种可能性，具体分析如下表。

	角色	回答	推测
第一人	真话	是	第二个人说了真话
第二人	真话	是	第一个人说了真话
第一人	谎话	是	第二个人说了真话
第二人	真话	不是	第一个人撒谎
第一人	谎话	不是	第二个人撒谎
第二人	谎话	不是	第一个人撒谎
第一人	真话	不是	第二个人撒谎
第二人	谎话	是	第一个人说了真话

正如你可以观察到的，一个"是"总是指出另一个人说真话，而"不是"则总是指明另一个人在撒谎。

这个厉害的方法让你可以系统性地通过一种可信的方式秘密地知道这些角色是如何分配的。

●●● 技巧提示

你不需要同时问他们一些关键问题。你可以依然沉浸在系统中，问他们一些脱节的问题。但是，你要好好记住他们的答案。

好好练习一下吧，也是一个可以跟朋友吹牛的绝佳方式。

终结电话骚扰

"喂，随意先生吗？我是令人毛骨悚然先生，你是不是疯了公司的业务员？"

几年前，我们只会受到固定电话的骚扰，这就已经很让人反感了。如今，电话销售也越来越多，不请自来地出现在我们的手机上。在法国，如果屏幕上显示的是一个固定电话号码，那我们很多人就会在接起电话后感到失望。那么，有没有什么技巧可以反抗一下呢？有！而且很有效。

开始之前，要记得这个给你打电话的人毫无意义。他只是一个在做他的工作的人，他不是你怒火的直接来源。因此，跟他生气是没有用的。他不是负责人，只是简单地做他的工作。而且他可能会对你进行报复，把你放在待打电话的清单中。

1···不要约定时间

慌张之中，你可能会试着说你没有时间。这样，你就间接地给了他一个信息，如果你有时间，你就会听他说话。你的交谈对象（往往是推销员）就会用这个漏洞来询问你，什么时候可以给你打电话，他将会把你的号码记录在系统里。某天，他的同事可以给你打电话。要理解，你不会因为推迟电话而不会烦恼，因为这一切都是通过一个将电话分发给雇员的软件来管理的。第一个规则就是永远不要提出、也不要接受一个推迟的电话。

2···在结束之前不要挂掉电话

要跟冷酷无情挂掉电话的想法做斗争。一方面，这对工作的那个人不尊重。另一方面，你的电话号码会出现在稍后待打电话的名单之中。这并不是你想要的。

3···直截了当

对这个人提出的事情，你不应该表现出一丝兴趣。不要问任何关于产品的问题，不要跟接线员讨论（尽管他问你最近过得怎么样）。他不是一个敌人，更不是朋友！你唯一的目标是结束对话和让他再也不给你打电话。有时候，你可能会尝试反对他们提议的内容。如果你这样做，有一个完美的陷阱将要把你困在里面。打电话的这个人，在他面前，就会有一棵充满任何可能的论点的树，尤其是对你的评论的所有可能的回答。

不要让他把你放在争论的情况中，因为推销员拥有你无法反对的武器。

4···不做决定

最无法抵挡的三个技巧之一就是不作为。推销员会试图跟做决策的人联系以便在电话结束之前获得效果。如果你不是决策者，那么一切就结束了。对于互联网上的产品、保险、电话套餐等，你要回答这是你的老板在付钱。可信度并不重要：你的老板负责支付他们提议的服务，就这样回复他们。面对这样的情况，你的推销员没有任何行动余地，而他唯一的目的将是结束对话。

5···要求核对你的用户名

上面那个技巧总归是有限制的。你的老板基本不可能付你的电费。但是你会注意到，推销员经常给你打电话，以你是某个品牌的客人的名义（为了让你更信任他）。实际上，他们是在为售卖这个品牌产品的另一个公司工作。让他们直面他们的矛盾之处，在进入下一步之前要求核对你的用户名。

比如，对话内容可以这样进行：

推销员："您好，法比安·奥利卡尔先生，我是法国电力公司的网络负责人，您有时间让我们就您的电网问题简单地聊一下吗？"

法比安·奥利卡尔："当然可以，您可以先跟我确认一下我的电表的客户账号吗？"

推销员："您不是奥利卡尔先生？"

法比安·奥利卡尔："是的，但是我需要先确认您确实是法国电力公司的工作人员。您可以跟我说一下我的账号吗？"

当我使用这个技巧时，那个人就会跟我说他稍后给我打过来，然后结束对话（除了一次，那次推销员在挂电话之前已经很尴尬了！）

6···要求使用你的权利

在对话结束之前，在推销员要挂电话时，你应该要求他们不要再给你打电话。

首先，当这个人明白，和你没有任何可能性的时候，会快速挂断电话，你应该抓住这个空当。其次，你不应该要求他们把你从清单内排除，因为很可能过后他们再把你放回去。相反，你要强调把你放在拒绝来电的名单内。这样，在他们的系统里，你就是一个不可能打电话的人，只要公司严格执行规章制度。

在大脑里编辑一个记忆球

你有没有发现，有一种气味会让你的某个记忆在无意中浮现出来？我们将之称为普鲁斯特的玛德莱娜蛋糕[①]，它往往对应着你曾经的某段经历。

但是人们可以掌控这一过程吗？人们真的可以通过编辑大脑来回忆起特别的东西吗？答案是可以的。否则，我就不会写这一节了。

想象一下，你想要记得白天要给一个人打电话（定时提醒），或者每天早上在喝完咖啡之后要记得喂鱼（反复提醒）。如果有一个自发的提醒待完成任务就很有用。19世纪初期，人们在手帕上打个结是很平常的事情。这样，每次人们出门的时候，就会记得他们为什么要这样做。这是非常常见的事情。你可以在那个时期的书中找到这种方式！今天，

---

① 出自普鲁斯特的小说《追忆似水年华》，指代对记忆的激发。

使用布手帕就不那么常见了。对个人来说，我无法拥有一个哈利·波特式的记忆球！下面，就让我们来找一下其他的解决方案。

●●● 反复提醒

在我的上一本书中，我跟你们用PNL（神经语言规则）解释了心理学的基本方法。我们可以将这个技巧转化成一种反复的记忆提醒。想象一下，你一旦回到家，就需要用钥匙把门锁上。现在按照下面的步骤，开启你的记忆提醒。

① 舒服地坐下来。

② 集中你的注意力在呼吸上，保持2分钟，目的是降低心跳节奏，以便于放松。

③ 想象一下，你正在打开你家的大门。试着以第一人称，最大限度地想象这个场景。想象你的手打开了大门，感受你的肌肤和你的手腕的接触等。不要着急，慢慢来。

④ 重新再想象这个场景，以及一个金光闪闪的钥匙。这个钥匙应该一直在你的视线中，就好像它跟着你的手飘浮在空中一样。

⑤ 最后一次想象这个场景，在这个场景中一直有一把金光闪闪的钥匙，想象着这个非常巨大的钥匙（有人那么大），在门后面。这是你在回家之后脑海里需要想的第一件事。

⑥ 在接下来的3~7天内，将这5步重复至少1次。每一次当你回到

家，这个混杂的记忆就会浮现，而你就会想起来锁门。或者是做其他的事情，因为这只是一个展示方法的例子。

●●● 定时提醒

前面的方法不适用于定时提醒。缺乏对某一时刻的关注成了我们生活中的主要困难。我们的大脑总是投射在人们应该做的和人们将要做的事情上，或者是被各种杂乱的想法干扰。因此，我们不是专注在当下时刻和真正发生的事。

但是，辨别出这个难点的事实将会帮助我们：使用其来更好地扭转情况！你将会制造一种正常状态下的空白来连接你的注意力。这正是"餐巾纸蝴蝶结"的道理，但需要更适合我们这个时代。

选择一个关键因素，并且改变它。每一次，当你触碰到这种反常情况时，你就会自动地和你的习惯断连。因此，回到当下这个时刻，你就会想起你这样做的原因。

比如，在这一天，面临一个可以在任何时刻完成的任务时：

（1）更换手机壁纸。

（2）临时更改手机的解锁密码。

（3）停掉手表的秒针，让时间停在中午。

（4）把房子的钥匙放进另一个口袋。

再如，跟特定地点或者特定时间相关的提醒：

（1）关掉房间的灯，当你回家的时候，你习惯于点亮它。（关掉你回家时习惯点亮的房间的灯）

（2）更换一个有用的东西。

（3）拆掉电视遥控器的电池。

（4）调整汽车的中央后视镜。

●●● 相反的提醒

为了结束这一节的内容，我认为谈一谈反向路径是中肯的。比如，你需要如何记得是否已经在出门的时候选择关好门了呢？

问题依然是你缺乏对当下时刻的关注。当你关门的时候，把你的注意力集中在这一刻（而不是想着等一会儿约会的时候要做的事情），通过窃窃私语的方式将这件事复述出来（在你的邻居看来，变成一个疯子也很有效）。你可以说："我正在关门。"当你这一天问自己"我走的时候关门了吗"这个问题的时候，回答就会变得瞬间清晰，因为你的记忆清晰又明确。

心算：100×100以内两位数的乘法

　　在《心算，10～20的两位数的乘法》那一节之后，你现在已经习惯了运用思维体操的方法，这就是最后的圣杯（秘诀），这可以帮助你进行100×100以内的心算。我推荐你在一张纸上测试这个方法，以便于你更加熟悉。

　　值得提醒的是，为了让你更明确，我需要将你脑海中的过程非常详细地描述出来。请你花一点时间慢慢阅读，同时一起操作。你对它的理解，有一半取决于你耐心听的程度。唯一获得这种能力的方法就是慢慢阅读，在脑海中同时跟着做每一步。

比如，随机做两位数的乘法：32×72

1 想像这两个数字，尽管你不能将它完全视觉化，你也应该在脑海里不断地想象这个过程。将它们中的一个放在另一个的上面，不用注意顺序。

32
72

2 十位数相乘。而后，独立地进行个位数相乘。将它们的结果视觉化，并且在脑海里保留这个画面。

重要的是，如果其中的一个答案只是一个简单的数字（如4），你应该将它看作是两位数的结果，前面放一个0（如：04）。

32	3 × 7	21	
72	2 × 2	04	**2104**

3 注意，第三步非常简单，只需要注意一点就能理解。将交叉的数字的积相加。通俗来讲就是，你将要将第一个数字的十位数字和第二个数字的个位数字的积与第二个数字的十位数字和第一个数字的个位数字的积相加。

32	3 × 2 = 6		
72	7 × 2 = 14	6 + 14	**20**

4 将第三步的个位数结果和第二步的十位数结果相加。将第三步的十位数的结果和第二步的百位数的结果相加。虽然要用很多话来解释，但这个行为很简单。

20	2304	2304
2104		

结果就是，32×72=2304

真实的速度，你可以仅用10～15秒完成这个计算！

再举一个例子：53×81

53	5 × 8	40	4003
81	3 × 1	03	

53	5 × 1 = 5	5 + 24	29
81	3 × 8 = 24		

29	4293	4293
4003		

最后再举一个例子：85×64

试着心算，不看后续，最后核对结果。如果你的结果不对，就和表格核对确认哪一步搞错了，之后就不要忘记。

85	8 × 6	48	4820
64	5 × 4	20	

85	8 × 4 = 32	32 + 30	62
64	5 × 6 = 30		

62	5440	5440
4820		

　　我非常肯定，你将会喜欢上这个窍门，并且会非常开心地使用它。只需要运用一些技巧，你几乎可以立刻实行不同的步骤。有时候，我同时挑战两个乘法来打发时间。为此，我运用了图片转换数字的技巧（参考《记忆的终极武器》），这可以让我将部分记忆得以长期保留，减轻我的工作。你可以通过运用你的记忆表格来转换临时结果，做同样的事情。

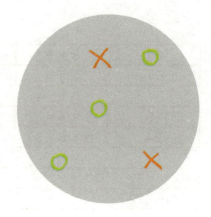

赢得井字棋游戏

井字棋是当前最流行的游戏之一。它的规则也很简单：在一个3×3的表格里，玩游戏的人一个接一个地把自己的标志（圈或者叉）划在格子里。第一个将三个标志连成一线（横线，竖线或者对角线）的人获胜。

当人们玩这个游戏的时候，很快就会发现，无意识的对策限制很大，人们只是试着去围堵对手而不是试着获胜。胜利常常发生在对手的疏忽之后。然而，有一种方法，可以赢得几乎每一局，保证100%不会输。

●●● 如果你先来

如果你先来，你就应该把你的标志（假设是圈）放在四个角中的一个。

如果你的对手选择了非中心的地方，那么你就一定会赢了。如果他选择了中心地带，那么你可以发起平局。

情况1

你从一个角落开始（O1），你的对手选择了非中心的那个格子。

如果他选择了一个外围中心的格子（X1），你就选择第二圈的中心（O2）。而后，他就必须要在对角线（X2）上封锁你（如果他不这样做，你下一步就赢了）。而后，你可以在第三圈的角落（O3）的格子里选择划上标志，就可以有两种获胜的可能性！而他却只能阻挡一种。那么，你就赢了！

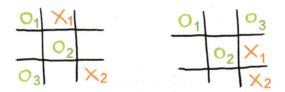

如果他选择了一个角落（X1），那么你的第二个圈（O2）就可以选择放在同一行或者是同一列的角落。之后，他不得不封锁你即将完成的连线（如果他不这样做，你下一步就赢了）。而后，你就把第三个圈（O3）放在最后一个角落来获得两种获胜的可能！一旦你这样做了，他只能选择阻挡一种。

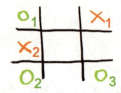 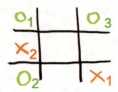

你从一个角落（O1）开始，另一个人选择从中心地带开始。

把你的第二个圈（O2）放在相对的角落里，来完成一个O—X—O式的对角线。

如果他的第二个叉放在角落里（X2），那么你就可以把第三个圈（O3）放在最后一个角落里，这样做就赢了。

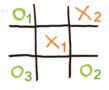

如果他的第二个叉（X2）放在可供选择的四条横线或者竖线之一，那么你就正常出手，获得平局。这是很罕见的情况之一，这时没有任何办法可以确保你获得胜利，但这也可以避免你输掉。

●●● 如果你第二个开始玩

如果你的对手先开始，那么你的目标就是形成平局。

情况1

当对手在角落里划个圈来开局的时候，你就可以选择占据中心位置来反击。你的下一步棋应该是落在角落里或者是中间（除非对方使用O—X—O策略，在这种情况下，你只需要简单地阻拦他走出成功的下一步棋）。

情况2

当对手先在中间划叉时，你可以选择在角落里画圈来反击。一开始就要封闭对手的企图，那他就不可能赢。

情况3

当对手在某一行的中间划了一个叉（不是在棋盘最中间）时，你可以选择在中心画圈来反击。你的目标是一直封闭对手的动作来达成平局，但你要知道在这种情况下，你获胜的可能性就太小了。

掌握了这些技巧，你就永远不会输掉井字棋游戏，而且可以经常赢。这里还有一种无实物的版本，我很喜欢玩。它对你的大脑也非常有益——思维井字棋。规则是一样的，但会在玩家的大脑中进行，并且专注于将策略付诸实践则更加困难。

每一轮，玩家按照这个表格的位置说出他的步骤（如下图）：

A1	A2	A3
B1	B2	B3
C1	C2	C3

比如，"我从A1开始"，我向你推荐这种变体游戏。

这种训练将会提升你的注意力、记忆力和你的想象力。

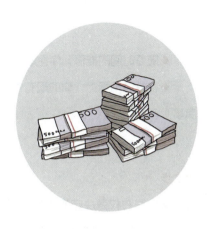

如何协商涨工资（情景模拟）

想象你得到一份新工作，一次涨薪或是售卖一份商品，其中都有无法忽略的协商技巧。考虑到心灵魔法工具和我们大脑的认知，你需要激励你的大脑并且迷惑你要面对的人！

第一步

花点时间，将你值得涨工资的理由列下来。这当中的陷阱是过于关注在你要求的钱的必要性上。对证明你的需求的因素，要尊重事实，保持坚定：

◆ 当你在进公司时还没有拥有的，在这几个月／这几年获得的新技能。

◆随着时间的推移，你逐渐新增的责任。

◆在招聘市场上，你的现有价值（对此，要查看这期间网上的招聘启事）。

......

第二步

直接跟有权做决定的人约定详谈，因为中间人可能无法好好介绍你。不要兜圈子，开门见山地表达你的目的。而后，根据你的情况，声明原因，论证你的要求的合理性。具体来说，需要你做到：清晰－简洁－准确。

第三步

注意肢体行为。你应该对自己有信心，但不要表现出傲慢，也不要给人一种你很抱歉的感觉。为此，在赴约之前，你需要练习一下"如何在短时间内集中注意力"这一节的内容（它非常有效！）。如果可以的话，自己一个人待一会儿，用全部的力气（只要没人听得到）喊出你的诉求。这样，你就释放了给你带来能量的多巴胺！

当会面时，你要端正地坐好，背部挺直，脚放平。声音雄浑有力，带着坚定的信念。请不要忘记：你真挚地认为你的论据可以证明你的论点，你值得加薪。

第四步

对方直接回答你："当然！为什么我之前没这样做？" 这种情况，会很罕见。等着你的是一个带着证据的相反的观点。不要因为拒绝而变得不坚定：这很正常。站稳你的位置，不要后退。请提醒他，因为你先前提到的某些原因，现在的状况不再适合了。

第五步

如果还是不行，你还有另外两种策略可以应对。第一就是协商另一种补充形式：额外的假期、奖金等。不要禁锢在工资上，当然还有其他方式获得补偿，现在你可以提出你的要求。第二个方法就是暂时接受。你不要只接受一个"不行"，而是要搞清楚"不行，因为"，是为了努力解决"因为"。询问你的交谈者，需要什么条件才能让他同意加薪，让他说出来。等他说完之后，你加以概括，让他同意，如果这些情况得到满足，那么就可以加薪。

比如，我们可能的对话模式如下：

你："如果我理解得没错，我需要更多的字体设计能力，因为你强调了我的PS基础不好。如果我的设计能力提升了，你就会考虑我的要求？"

对方：[对方的回答]

你："在这种情况下，我希望能够接受更多的相关培训，着手进行关于这个软件的培训。在完成之后，我会再来见你完成这个对话，因为我已经解决这个细节。"

●●● 如果仍然不行

如果你真的认为自己值得加薪，但公司拒绝了你，也没有再次协商的可能，那么你就需要问问自己关于你在公司中的位置的问题。你可以同时开始找工作，来找到一份会匹配你的能力和产出的工作。不管如何，跟拒绝了你的要求的交谈者生气是没有用的，只会浪费你的精力和心力，而且可能会毁掉一份面试新工作的推荐信。

把地球仪装进你的大脑

地理，不仅是学校里的一门学科，更是通识知识中至关重要的要素。在青少年时期，我有过很多尴尬的时刻。有人跟我说一个国家，可我却不能描述出它在世界中的地理位置。在我意识到马达加斯加不在澳大利亚旁边的那一天，我决定要创造一种方法让全部的国家变得形象，如果这完全可行的话。现在我就教给你这种方法！

第一步

联合国承认这世界上的193个国家（实际上，因为外交问题导致无法确定有一个真实的数字）。在这193个国家中，你已经知道：

◆ 部分国家的国名。

◆ 部分国家的国名和它们的地理位置。

◆部分国家的国名、它们的地理位置和国土形状。

为什么要重新学习你已经知道的东西呢？拿出一张地图，回顾一下全部国家，来分辨出一定程度上你已经了解的国家。我建议你在一张纸上列出所有的国家，然后根据你的知识标记出这些国家。

第二步

根据你一次性想要学会的国家的数量，切割出这些地点。当人们逐渐积累知识的时候，学习效果总是会更好。我推荐你从欧洲开始（大致50多个国家），因为这个区域你比较熟悉，而且你已经知道很多内容了。

第三步

熟悉一些你还不认识的国家的名字，大声说几次，在纸上多写几次。找一些跟这些地名相关的文字游戏。总结：对于你不认识的国家，创造出新的神经元联系，提高你对它们的熟悉度。

第四步

这一步更加丰富，更漫长而且更好玩！我们将要利用我们大脑的认知能力来同时玩转不同的地图。视觉化、记忆术和想象力都是这一步的原料。

注视一个国家，观察它的形状。它让你想起什么？让我们用奥地利作为例子。好好观察它的形状，现在想象一只鸵鸟跑到了左边。你可以把一直延伸到瑞士的长条形状的部分想象成它的脖子，而一直延伸到捷克的一大块就是它的身体和翅膀。我明确地认为奥地利的边境线组成了一只已经被切掉两只脚的奔跑的鸵鸟。我也不是偶然选择这个比喻，因为"奥地利"（法语：Autriche）和"鸵鸟"（法语：Autruche）很相近，这就是我的联系！当我想到"鸵鸟"时，我就想到"奥地利"，反之亦然。

第五步 ||

你将要把这些国家的图像，根据他们的共有边界连在一起。有时候，瑞士被称为"金钱和医药之国"。不管这是不是事实，因为我知道这种刻板印象，所以我就利用它。当我看着瑞士边界的时候，我可以很简单地想象着微生物的形状，这是一种人们从显微镜中看到的细菌。这就是我对于瑞士的形状的基本记忆点。现在我想象着我的鸵鸟跑着想要用它的头攻击细菌！我就将奥地利和瑞士的位置连起来了。所有的这些信息都在我的大脑中连起来了。

此后，看到这两个形状中的任意一个，听到两个国家的名称中的任意一个或者是想到"鸵鸟"或者是"细菌／微生物"时，总是会提醒你关于这个联系的一切。你甚至都不需要真的去学习，就能记住。现在，就用这个流程，将欧洲地区的其他国家地图都学习一遍吧！

●●● 建议

当人们开始这类练习时，有时候，对于某些国家的形状难以找到合适的想象。不要浪费时间，也不要浪费你的动力！你完全可以只从这些国家之间的相对位置分布开始学起，根据它们的名字创造精神场景。

比如，在我的脑海里，我知道我的朋友保罗给了哈尔一张支票（《时空怪客》中的全息投影）。这让我想起来波兰和德国接壤，并一直延伸到捷克，它本身也跟德国接壤！同样用这个方法，我也知道在支票下方的标志是一只鸵鸟，因此捷克就坐落于奥地利的北方。

眼神和语言一样会说话

就像我在这本书的第一节《你是心灵魔术师吗》中讲到的那样，抱有心灵魔法的想法和使用它的方式一样多。在我看来，尽管层面不同，依然存在着共通性：经验、全体论研究（将信息看作是一个整体）和经验论研究。

这几年来，我都基于一个简单的判定：当人们想到一个正面的概念（如阳光明媚的一天）时，瞳孔会轻轻收缩；当人们想到一个阴暗的概念（如夜晚的森林）时，瞳孔就会放大。

尽管我是自愿地提到这个关于口语的主题，在我的上一本书中我不提这个话题，因为没有任何科学研究支撑我的理论（我更应该说"这个认定"），而且我不希望我的书包括一些科学未知的因素。

但情况已经改变了！2017年6月15日，法国国家科学研究中心发表了一篇新闻通稿，标题为《那些瞳孔告诉我们的语言》[1]。我已经读过这个研究，而且认为它的结论是最有意思的。

艾克斯-马赛的认知心理学实验室和"话语与语言"实验室，根据一个人接收到的词语或一个人简单地想象的词语，投入了大量精力分析和量化瞳孔的缩放。他们得以证明瞳孔的大小不仅和周围的灯光亮度或人们看到的东西的亮度有关，也跟言语表达的内容和书写出来的文字有关。当我们想到一个光明的概念时，我们的瞳孔就会收缩；当我们想到一个阴暗的概念时，我们的瞳孔就会扩大！

•••● 趣味应用

这是一个你可以跟你的朋友尝试的趣味应用，具体操作步骤介绍如下。

① 让一个朋友把一个东西放在一只手中。但是，你不知道是哪只手。

② 用眼睛看着他，跟他说：如果东西在右手，想象着夏天的沙滩；如果东西在左手，想象着夜晚到森林徒步。

③ 分析他的瞳孔收缩的不同，推断东西在哪只手里。

④ 你当然可以重复实验很多次，甚至是同时跟很多人一起来实

---

[1] 法国国家科学研究中心，《瞳孔会说话》（Ce que les pupilles nous disent sur le langage），2017年6月15日。

验。注意在他们面前的光束不要太亮，或者东西不要太阴暗，让瞳孔可以处于中间状态。

科学还应该回答最后一个问题：我们脑海中的想法和图像，对于一个词语的理解来说，是必需的吗？或者只是对于激活一种状态的机制进行准备工作呢？你得巧妙地来理解这个问题。无论如何，这是一个新的科学证明，我们的身体良好地反映了我们的精神世界。

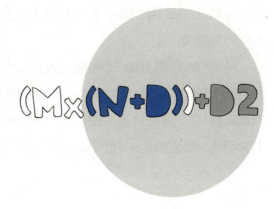

一个数的平方数的心算

可能你忽略了，但你的大脑是可以进行心算的。你的工作记忆（大约18秒）可以让你在脑海里处理数字，并且我们中的有些人需要长效记忆的一部分来做支援。但这是另一个练习。

为了在心算的艺术上出类拔萃，掌握基础是很必要的。比如，你要了解乘法表，最好可以了解到20以内的平方运算。

但也有捷径，那就是计算一个数字的平方。我将把这个方法和一个简单的心算窍门联系在一起。要想掌握这种方法，除了你的神经元之外，并不需要其他任何辅助！

第一步

想一个两位数的数字。选择一个跟你的数字最接近的10的倍数（小于此两位数）。记住你的原始数字和10的倍数之间的差。

现在，我们以62为例进行分析和讲解。

62最接近的10的倍数是60。

60和62之间相差2。

更清楚一些，我们给这些数字一个特殊名字：

◆N（数字），是原始数字。在我们的例子里，N＝62。

◆M（倍数），是最接近的10的倍数。在我们的例子里M＝60。

◆D（差）是两个数之间的差。在我们的例子里，D＝2。

第二步

进行接下来的心算：

（M×（N＋D））＋D^2

很显然，这样写下来，公式看上去很复杂。但这些都是在脑海中进行的。像往常一样，我将会尽可能地对其进行详细的解答，避免你理解不当，因此请不要被这些复杂的步骤吓倒。

现在，我们开始做62的平方数的计算。

N＝62，M＝60，D＝2

① 计算N＋D，即62＋2＝64。

② 计算M×（N＋D），即60×64。

分成两步：（（N＋D）的十位数×M）＋（（N＋D）的个位数×M），

即（60×60）+（4×60）。

在你的大脑里，60×60跟6×6差不多，只是多了两个0。同理，4×60也只是比4×6多一个0。

即3600+240=3840。

③ 进行D^2的心算，即2×2=4。

④ 将两个结果相加：3840+4=3844。

62的平方就是3844。

●●● 总结

很显然，我最大限度地将每一步都详细陈述。在你操作的时候，一切都会在你的大脑里同时发生，并变得更加顺畅。一旦这个方法被掌握，你就可以在几秒钟的时间里进行计算。如果你担心忘记中间的结果，可以从计算D^2开始，而后，在你进行其他计算的时候，可以使用记忆表格来储存信息，转化结果。

最后，我提议你可以做一些练习。尝试做这些练习的过程中，只看"第一步"和"第二步"，而后确认下面的结果。如果有错，你可以回溯心算的细节来辨别出是哪一部分出错。

练习 ❶ —— 58的平方

50×66

（因为N=58，M=50，D=8，N+D=66）

3000+300=3300（因为50×60=3000，50×6=300）

3300+64（因为8×8=64）

结果是3364。

练习 **2** ———— **34的平方**

30×38

（因为N＝34，M＝30，D＝4，N+D＝38）

900+240=1140（因为30×30=900，30×8=240）

1140+16（因为4×4=16）

结果是1156。

练习 **3** ———— **76的平方**

70×82

（因为N＝76，M＝70，D＝6，N+D＝82）

5600+140=5740（因为70×80=5600，70×2=140）

5740+36（因为6×6=36）

结果是5776。

如何背诵一段文章

提到这个标题，我们都知道，这和我通常教授的窍门相违背。然而，我不认为从来不能说"背诵"，对记忆力来说是个好练习。

神经心理科医生弗朗西斯·厄斯塔什经常重申，不要忘记机械学习的重要性。他强调要不厌其烦地重复内容，让它们录入大脑。儿童发展心理学实验室也证明熟记于心的信息随后会转化为处理无意识行为的记忆的一部分。这就证明，不再需要专注才能重新使用信息。

这个系统的重大弊端就是，人们不需要理解就可以掌握信息。但我们已经了解了如何分析和总结信息才能更好地记忆的诸多优点。

当然，也存在很多情况下人们需要确切地将一篇文章的每一个词都记住。比如，有些课、某些演讲、演出戏剧、需要确切引用一个人的话、朗读一段法律文字、演唱一首歌曲等。

第一步

　　把整个文章阅读两遍。集中注意力看整体意义，理解每一个元素，欣赏书写的内容。如果你不认识有一些词，花一点时间查阅字典里的注释。

第二步

　　将整篇文章抄写一遍，当然两遍也可以。然后，大声朗读一至两遍。因此在这个过程中，你通过三种不同的方式了解了这篇文章。

第三步

　　现在找到这篇文章的关键点。它可以是一个句子里指出关键含义的词，也可以是值得注意的巧合部分。

　　比如，"你知道大脑拥有680亿个神经元吗？真是让人目瞪口呆！"

　　在这个片段中，我着重强调第一个和最后一个词。我也要强调"大脑"和"神经元"。

第四步

　　在每一句话的开头找到连接其他句子之间的含义。你应该试图找到一个适用一切的理由。但不要想着记住这些因素，既不是在这一步，也不是在上一步。那些理由经常很荒谬，缺乏逻辑性，这不是问题。

　　值得提醒的是，前四步的内容看上去冗长，似乎还一无是处，就好像什么都没做一样，但这是你的大脑要接收接下来文件的完整准备环节，就好像你在测量道路一样。

第五步

在坚持了前四步之后（我坚持强调完成第三步和第四步的重要性），你终于可以开始通过重复你所读到的内容的方式来背诵了。你将会很快地意识到，你已经记得文章中的某些部分。我让你不要记住的、缺乏条理和逻辑的内容已经转换成通往记忆深处的轨道联盟。

●●● 窍门

如果你在某些技术概念上卡住了（如一个确切的数字），就使用记忆法作为辅助吧，它让你不会在此滞留。

魔法一般的感官

　　这个全新的实验是为了向你身边的人吹牛！这个方法在1920年由斯坦利·柯林斯（Stanley Collins）发明，1964年被路易斯·史泰德（Louis Histed）改进，1993年被托马斯·艾伦·沃特斯（Thomas Alan Waters）进一步改进。

●●● 准备工作

拿出一个小的方形卡片，或者是一张名片，上面印着16个标志（内容如上图左）。这16个标志与众不同，指的是在这张卡片上，你已经成功擒获的16个神经元。

●●● 实验过程

1 拿出另一张同样的卡片，上面画着一个大脑（上图右）。在这个卡片的另一面画着一个神经元，但是不要让你的朋友看到。你就告诉他大脑包含着一段未来的记忆（一切将变得神秘起来）。把这个纸片先放在一边。

2 重新拿起印有16个标志的纸片，把它翻过来。向你的朋友解释，他需要做一个选择，但是不应该被这些可视的神经元影响。并且，给他念下面的这些词：

"接下来，你将要随机选择其中一个神经元。一共有16个。你将要跟我说一个数字，然后我们会看一下对应的是哪个神经元。不着急，在1～16中选出你的数字，这一切都由你决定，无论如何我都不想影响你。"

3 你的朋友会向你说他选择的数字。你将16个标志的卡片翻过来，指出与之相对应的数字的格子。让他了解他选择的神经元是独一无二的。

重新翻过画着大脑的卡片，让大脑的那一面朝着桌子。告诉你的朋友，大脑蕴含着关于未来的记忆。实际上，大脑后面打印的标志就是他选择的那个神经元！

••● 揭秘时刻

正如往常一样，我向你推荐的都是很实用的实验效果，因为这都是由数学逻辑决定的！因此，你一定会和朋友一起创造惊奇一刻。神经元就是产生奇怪的绘画的一个借口，在你的精神尝试完成的演绎中，没有特定含义。这就是目的。因此，接下来你肯定没有意识到，在16个格子里有一个标志出现了4次！每次，它只是简单地翻转了90度。它抽象的形状让我们的大脑无法分析这种特性。

这个标志在4个格子里的摆放不是随机决定的。你如何翻转卡片，你不管选择1～16中的哪个数字（从左上角开始），你都会选到4个一样的标志之中的一个。

••● 练习方法

根据你朋友说的，你可以练习翻转这16个标志的卡片。

① 如果他说1，6，8或者14，翻转卡片，那么上面的第一个格子就是这个标志。

② 如果他说2，10，12或者13，翻转卡片，那么上面的第二个格

子就是这个标志。

❸ 如果他说3，9，11或者16，翻转卡片，那么上面的第三个格子就是这个标志。

❹ 如果他说4，5，7或者15，翻转卡片，那么上面的第四个格子就是这个标志。

花一点时间进行练习，根据回答可以完美掌握。等到那个时候，你翻卡片就变得流畅而毫无可疑之处。

当你翻转第二个卡片的时候，为了展示你的预测能力，将标志和你朋友选择的标志放在一个方向。

2分钟完成智力游戏——第一步

在20世纪80—90年代，有一个不得不提的明星的发明，它就是艾尔诺·鲁比克发明的魔方。魔方是一种更为复杂的智力游戏，拥有庞大复杂的43 252 003 274 489 856 000（不要去读这个数字，这会让你的舌头打结）种可能性，而找回每一面的原始顺序的可能性却很少。

如今，还原这个魔方的世界纪录是4.59秒【2017年被周范硕（SeungBeom Cho[1]）打破】。我不会要求你们跟他比，但至少可以在2分钟之内将魔方还原。分数还是不错的，不是吗？

如果这个智力游戏依托的是物理法则，那么这些法则就是可以被编译出来的、且被理解的。只要有数学的地方，就有逻辑！这就是这些智

---

① 2018 年，该记录被中国选手杜宇生打破。（译者注）

力游戏破纪录的秘密，而"魔方"则根据特定情况应用周期算法。人们越是想缩减完成的时间，就越是要学会不同的策略。

拿着我提供的方法，你只需要记住5个简单的策略和一些训练技巧，就可以很快地在两分钟内拼好魔方。然而，在没有其他新策略的帮助下，再将时间缩短甚至不太可能。但这不是我们目前所需要的，不是吗？

●●● 必要准备

为了用一种方式讲述，我们先统一一下词汇。

① 当魔方放在我们手中面对着我们时，面对我们的那一面是A（即前面），右面的是D，左边的是G，上面的是H。这样就足够我们操控了。

② 当我引用这些字母中的一个时，你应该顺时针转动需要转动的面。

③ 当我引用这些字母之一，并把／放在字母前面时，你应该逆时针转动。

④ 当我引用这些字母之一，并在后面写2时，你就将这一面转动2次（哪个方向不重要，因为也是转动180度）。

有时候，你应该根据我的指示，调整魔方在你手中的位置。每一面（A，G，H，D）的位置指的是，此时此刻当你读这些文字时，你手中魔方的位置。

那么，准备好自己解决了吗？开始了！

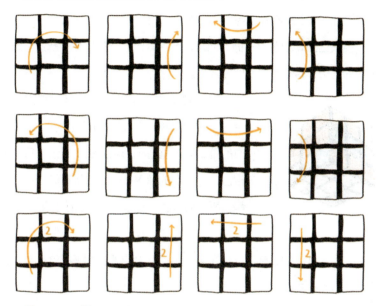

●●● 第一面和第一圈

　　第一步旨在把第一圈拼完整。所有这些可以移动的方块，至少有两面（角上的有三面）。你应该将你的魔方看成3层的意大利面，因此，你将要一层一层地完成，而不是单独地完成6个面。

　　第一面，我推荐你选择白色（这样我们在解释的时候总是步调一致）。你的出发点就是中间方块是白色的那一面。你会说，6个中心方块是固定的。你无法挪动它。因此，为了解决白色这一面，你应该从中心已经是白色那一面开始。

在这个阶段，我不会给你策略，原因有二。一方面，因为我已经承诺只会给你5个策略来使用。另一方面，因为你可以自己解决。你肯定可以摸索出重现白色这一面，而且这个探索可以让你轻易理解这个智力游戏的逻辑、转动方式及处理方式。

有一件事你要了解，那就是，在完成白色这一面的同时，你应该完成第一圈。这个魔方的第二面（垂直于白色面的）应该与每一面相协调：所有的蓝色在一起，所有的红色在一起，所有的绿色在一起，所有的橙色在一起。

一旦完成，那么你就完成了最困难的一个步骤！剩下的就会越来越简单，因此不要放弃。

这开始的一步写出来有些让人迷惑，可以在网上检索一些视频，辅助理解。

2分钟完成智力游戏——第二步

让我们进入正题，在上一节的最后，已经完成了第一面（白面）和所谓的第一层（白面的每一个角都包含不同颜色的3块）。第二步，我们将要完成第二圈，中间那一圈（即8个方块的9个面）。

第一步 | 一次性搞定4个方块

从现在起，一直到鲁比克魔方的最终解决方式，你将要把白面放在下面，朝向地板。在大部分的情况下，你会把黄色一面朝上（H）。

就像你在前一节中理解的一样，6个面的中心都是固定的。因此，你将要转动中间那一圈，让每个中心都跟第一圈的颜色相同。就这样！正如它们是固定的，你只要最多转两圈，就可以完成这一层的一半工作了。

第二步 ┃┃ **搞定第二圈的其他四个方块**

你将会看到两个图示：

◆ 放好的方块：方块的两面和它们旁边的中心方块颜色是一致的。

◆ 方块没有放好：你将要旋转从上往下数的第三圈（H或者∕H），来完成下面一步：将中间方块的一面放在颜色相匹配的一面之上。比如，橙色中心方块上方的方块应该是橙色面。

一旦你已经完成了这一步，展现在你面前的就是3个选项。你刚刚摆在中心上方的那个方块的有第二面。看一下第二面的颜色：

◆ 如果是对应鲁比克魔方的右边，那就这样做（鲁比克魔方中你正在弄的那一面，面对着你，就称作A）：Ｈ Ｄ∕Ｈ∕Ｄ∕Ｈ∕ＡＨＡ，这样方块两面的位置就摆好了！

◆ 如果是对应鲁比克魔方的左边，就这样做：／H／GHGHA／H／A，这样方块两面的位置就摆好了！

◆ 如果对应的是鲁比克魔方的上面，那么重新移动H面来确定前两个轮廓之一，这时候暂且放下对另一个面的工作。

第三步和窍门

重复第二步，直到你把第二层的所有面都放好。这就结束了！

有时候，你可能会遇到方块的两个面都基本放好的情况：位置对了，但是相反的位置。在这种情况下，就要把这个方块移动开，放在无论哪一块的位置上，而后你就可以像第二步里那样重新放好。

●●● 不太费解吧？

花点时间拿着鲁比克的魔方，好好理解这两节。

现在，既然你已经完成了三分之二，那么在下一节中我们基本就要完成了！

2分钟完成智力游戏——第三步

现在，我们已经来到了意大利面的最后一层：第三层。

让我们来回顾一下。你已经完成了白色这一面，放在下面（对着地板）。第一圈已经完成，第二圈也是，但是你只应用了一些策略。你有没有注意到它们实际上都几乎一样吗？在时间层面上，一些动作的简单翻转，但是逻辑是完全一样的。

第一步

◆ 现在，第一步就是现在要在上面（H）创造一个十字。那么上面那一面都是黄色的，除了角落里的方块，其他每一个方块都是黄色面。如果在这一步的末尾，这些角落的方块面也是黄色的，这也没关系，但这不是我们要关注的重点。

◆ 你将要用到第三个策略：/D/H/AHAD

重复这一面，直到所有方块面，除了角落的方块，都组成了十字。一般来说，最多做两下就可以完成。

第二步

◆ 现在，观察第三圈的中间。有可能4个中心都位置正确（和这一面的前两圈的颜色是一样的）。在这个情况下（尽管可能性很小），跳过第三步。

◆ 如果不是这样，转动上面（H），以便左面（G）第三圈的中间的方块面和这一面前两圈的颜色相同。而后，使用下面的策略：D H／D H H2／D H2

这个策略只会将第三圈的中间进行调整。重复这个策略，直到第三行的中间都位置正确（最多需要3次）。

剩下的，只需要按照最后一个策略，将角落摆正，你的智力游戏就完成了！

2分钟完成智力游戏——最后一步

这就是最后一步了。并不是特别复杂，但需要精确一点。实际上，你应该将最后4个方块的位置放正确，而不改变你已经放好位置的方块！

让我们回顾一下：白色的那一面已经完成，朝下放（冲着地板）；第一圈已经完成，第二圈也是，剩下的就是第三圈的几个角落了。我们已经用了4个策略，那我就只能用最后一个策略来完成了。接受挑战[①]！

第一步

◆ 让我们集中注意力完成最后4个角。一个角落方块会用它的3个面接触到不同的3个大面。我们将要让这些角上的方块放在正确的地方，但是不一定是正确的位置！

———————————————

[①] 这将是个传奇……我翘首以待……达里。出自《老爸老妈的浪漫史》。

我来解释一下原因：把魔方的红色面放在前面（A）。黄色面在上面（H），蓝色面在左边（G）。将这三面连在一起的这个方块有三面，分别是蓝色、红色和黄色。然而，在这个阶段，如果蓝色面是在上边（而不是在左边），红色面在右边（而不是上面），就可以将之看作放置正确。我们可以在最后一步改变方向。

◆ 为了将这些角落的方块处理好，你可以使用如下的策略：G／DH／G／HDHG／H／G

◆ 重复这个策略直到四个角都放在正确的位置（但不一定是方向正确）。

第二步

现在剩下的就是扭转几个重要的角，但是我不能再教你新的策略了。我将要用点计谋，使用在前一个章节中已经使用过的策略。但是，相反着用！

当应用这个策略时，它可以将左边的两个角调转方向。你的目的是偶然使用这个策略，但是要注意正在发生的事情：一旦一条线上的两个角的方块上面（H）的面是一样的，拿好魔方让角落放在上面（H）的左边。运用策略，它们就可以放在正确的位置上了。将魔方旋转180度就可以调整上面（H）的左边的最后几个方块。运用这个策略，直到它们已经转变了正确的方向（1~3次）。

D H / D H D H2 / D H2，直接反向使用这个策略来练习： / D / H D / H / D H2 D H2

太棒了！你已经完成了整个智力游戏。而我通过这几个章节的写作来解释清楚这个过程不容易。

一开始，你可能很容易感到困惑，但如果你手里拿着魔方，慢慢地照着这几个方法练习，你就不会觉得很困难。

剩下的就是按照你的节奏，用心记住这5个策略，再加以练习，你就可以在两分钟内完成你的智力游戏！好好玩吧！

5个操纵技巧

　　我们所有人都会碰到操控的艺术。有时候，我们操控别人，也被别人操控。大部分时候的操控都是以无意识方式实现的，发现这一点是很迷人的。现在，我将向你介绍5种操控方式，让你更好地发现操纵，来更好地保护自己。但你也会发现，在你没有意识到的时候，你正在操控别人。自我认知可以让你更好地改善对别人的态度。

窍门 ① 数字

　　在一段对话中，你是否注意到数字是如何快速说服其他人的？

　　比如，"90%的人都这样做。""你成功完成这个项目的可能性只有1/10。"

这些数字通常是偶然间给出的。然而，我们的理解力喜欢这种量化的方式和数据，并且自觉地承认这些数字的确切性。如果某个人用这个窍门来反对你，那么就问他是依据哪项研究和哪篇文章。或者只是简单地问他是如何得出这个让你觉得主观的数据，相信他的反应会很有意思。

窍门②　有限选择

这种操纵的方式是让你相信你有选择，且是完全自主地在选项里做选择。

比如，"如果你不喜欢我的方式，你可以留下改变态度，或者离开！""对于搬家，你希望我在这个星期的哪一天过来？"

这不是因为，人们给了你A和B的选项，那么C、D或者E就不存在。在回答之前，总是思考一下那些没有给出的选项。

窍门③　平衡

在一段思辨的对话中，很可能某人故意让天平失衡，只给出了积极观点（或者是消极观点）来达到他想要的结论。

比如，"如果我们搭飞机，就要遵守起飞时间，不能吃想吃的东西，也很贵。再者，你还要忍受其他乘客，而且我们总是要坐着。还是开车去比较好。"

所有的情况都包含了优点和不便之处。不会有其他可能。如果你发现是这种情况，让你的交谈者和你一起列出对应的相反观点。

在刚才的例子中，可以问他坐飞机的优点是什么，以及开车的优点和缺点。但是，你要注意到，这里好像是使用了第二个窍门，忽略了其他的可能性，如火车等。

窍门④ 隐形的力量

这意味着引用很多虚构人物，或者是绝对多数人，来强化你应该听从这个观点的事实。

比如，"这个俱乐部的所有人都同意我的比赛策略，你不是要质疑它吧？"

"所有人""全体法国人""整支队伍"等，首先，没有都在场，你也没有办法一个个去确认是否这个观点是对的。但更重要的是：并不是因为大众（有大概率是虚拟的）想着一样的事情，你就应该接受这种观点。

窍门⑤ 玩偶之家

这个窍门的标题对应的是"是——是"。在这5个窍门中，可以肯定的是，这个窍门是更科学地被这些操纵者使用。这个游戏的目的是将要求切分成可以接受的小事情来获得最先的几个"好"，这让之后的可能会被拒绝，也能被接受，因为一旦一系列的"好"开始，就很难再说"不"。

直接问题的例子：

你："你可以开车过来，我们两个搬离我的公寓吗？"

对方："不可以。"

但是，将问题拆分的例子：

你："你周六有空吗？"

对方："有。"

你："你可以过来帮我搬家吗？"

对方："可以。"

你："你可以开车过来以备万一吗？"

对方："可以。"

那一天，你就会发现你们只有两个人，而且你的车是唯一的解决办法。

对于这些小请求要谨慎。如果你发现你在被操控，不要犹豫，说"不"。

记住数学公式

我经常听说，不存在熟记数学公式的窍门。每当看到这个观点和麦克斯·伯德[1]的观点相抵触时，我就觉得很奇怪。

首先，经典的记忆法可以让你轻松地记住法律。就像尼古拉说"滚吧"。不要感到奇怪，这句难以忘记的句子可以写作CAH SOH TOA，这代表了三角函数：

CAH：余弦是邻边比三角形的斜边。

SOH：正弦是对边与斜边的比。

TOA：正切是对边与邻边的比。

对于这些公式，我们将会用记忆宫殿和记忆表格的一种简便方式

---

① 法国幽默家，科学普及者，视频工作者。

（或者是改良方式）来记忆。是的，我们会把你的神经元搅个天翻地覆，探索你时有时无的记忆，就这样[1]！

●●● 使用通用符号

如果你将基础因素联合起来，在脑海里操控表格就会简单很多。

"="： 把它想成体操里的双杠。

"／"： 就像你在例子中看到的，作为斜线，将事物一分为二是很便利的。在斜线前面的是分子，而在斜线后面的就属于分母。

"根号"： 选择一个可以包起来的东西。比如，一幢别墅、一把太阳伞等。

"平方"[2]： 永远把它跟方形的东西放在一起。一个盒、一个很重的保险箱等。

"＋／－"： 使用正极或者负极。（带着例子理解更容易）

"一个字母"： 想象一个以这个字母开头的单词。

比如，

1 x，我会想到《X战警》中的查尔斯·赛维尔教授。

2 ＝，我会想到没有轮椅的查尔斯·赛维尔，正在练习双杠！

---

① 奇怪的是，这种含糊的幽默感在口语中的效果并不太好。
② 法语中的平方为Carré，也有方块的意思。（译者注。）

3 ▸ 我会需要一个分开的区域（因为横线）。我会想到奥林匹亚（2018年9月，我在那里进行了演出，这个偶然事件相当的精彩）。这个演出场地包括一个下凹的乐池（是给管弦乐队的）和一个较高的部分（楼厅）。我想象着查尔斯·赛维尔在奥林匹亚的舞台上，面对观众席，在练习双杠。

4 ▸ 在楼厅上，有一个巨大的香蕉杯关在透明的方块里。

5 ▸ 在香蕉的右边，我还找到了三只母羊（3b）。它们正在微笑，笑得很开心。微笑是一种正能量的情感，让3只母羊都很积极。这是我对＋3b的解读。

6 ▸ 在奥林匹亚下凹的地方，我把所有的椅子都拆掉了，放了一个马戏团的帐篷（根号）。

在这个帐篷里面，有一个巨大的破掉的鸡蛋，蛋黄和蛋清已经流出来。因此鸡蛋就是9，正如鸡蛋已经破碎了，这是负面的观点，让我的鸡蛋也变得消极。这是我对－9的解读。

●●● **窍门**

对于数字，我建议你使用记忆表格法。

只有在你需要分界线的时候才使用地点。

不需要一直注意比例（你可以让东西变得巨大或者渺小）。

根据你的需要创建你自己的密码。比如，对于括号，我会用波格丹诺夫孪生兄弟来帮助记忆。

•••● 总结

这个方法看上去可能很奇怪，然而在我上学期间，我就是这样复习我的数学和物理课的。这非常有效，我也成功地用这个方法启发了我的朋友。那么，为什么不可以启发你呢？要敢于尝试，接受花费一点时间来用不同的方式，但是更加有效地学习（因此，在这之后，你就可以节约时间）。唯一冒险的地方，正是这个方法会生效。

最后提醒一件事，不要试图计算负数的根号值。上面的只是一个记忆有关的例子！

5个赢得他人尊重的建议

　　让别人尊重、让别人喜欢和专横是有很大区别的。就像人们经常说的，人们能发现明显的考虑，但尊重表现出来的平衡永远不能轻易发现。这往往意味着管理有亲切或是爱慕的关系，从那时起你就在交换和要求尊重。在心灵魔法师的世界中，心理学的行为主义充满了简单的窍门，可以让你的灵魂获得尊重。

窍门 ① 不要专横

　　如果在一段关系里，你拥有理性的权力（或者简单地说和等级有关），那么要注意。蜘蛛侠也会滥用这条建议："能力越大，责任越大"。要知道人们永远不会尊重蛮横的人，滥用权力的能人，恐吓或者是玩弄他人情感的人。只是简单地听取其他人的想法，那么他们就会尊重你的位置和你这个人。

窍门 ② 要发声

"我明天拿给你。"

"没问题，我会跟他说的。"

"对了，我有份文件，我这就发给你。"

一个人做了承诺却从来不兑现，永远没有比这个更让人失望的了。跟你一起约定好了：当你用这类话时，守住你的诺言（可以把它记下来以免忘记）。实际上，在你做出承诺之前（尽管这是一个简单而轻松的动作）要花点时间衡量一下它所包含的责任。当必须要接受（或者是提议），而后续没有任何结果的情况下，要知道拒绝，这样更受人尊敬。

窍门 ③ 举例子

谁会尊重一个自己都不尊重自己的一个人呢？总是要给出一个例子，展现出你希望人们跟你如何工作。

我想到一个确切的例子，我和一个朋友吃晚饭。她与服务员说话的方式（当然一切都很好）是难以接受的。那一天，她对服务员不尊重，也是对我很大的不尊重！

窍门④ 没有那么多借口

给你的借口固定剂量。这个窍门是双向的。首先，你应该承认和接受你的错误。这样会让你更值得信赖（是的：这样会让人更信服，因为没有人永远不犯错）并且更值得尊敬。你可以从中吸取教训。一个失误可以是一个行动、一个错误、一件蠢事或者只是在一段关系中伤害了别人。

但奖章的反面是定量！不要为所有事情找借口，也不要没事找借口。对你的行为要有所评判，只有在必要的时候进行辩解。而如果你的谈话者抓住机会，试图对你施加压力，不要反复不停地重申你的悔意。道歉是一个值得尊重的、诚挚的行为。

窍门⑤ 拥有无可指责的话语

这是四大托尔特克共识之一。越过所有的精神考量，这更是获得长期尊重的秘密。避免闲言碎语，避免仇视他人的话语，在你和他人的对话中保持积极。人们会记得你的态度，就会对你更放心，认为你为人忠实，表里如一。哪怕是他们缺席的时候，也会对你更有敬意。

你也可以拒绝当中伤留言的垃圾桶。可以借用苏格拉底的三句话。这就是说：当一个人准备好跟其他人交谈时，你应该核实：

◆ 事实：说出的信息是否被你的交谈者直接核实过？

◆ 善良：即将传递的信息是积极事物吗？

◆ 用处：要提供给你的信息对你有用吗？

如果这三个条件没有达成，那么这个对话就一定没有意义。

纸牌博弈（情景模拟）

我对偶然、同时性非常感兴趣，那些卓越的偶然让人们不禁扪心自问，是否一切都没有提前知晓？为了在这个主题上可以好好放松一下，我给你推荐一个可以跟朋友一起玩的益智游戏。很显然，你得让他事先不知情。

●●● 效果

你将纸牌洗牌之后，示意每个人都从那一摞里拿出一张。然后，你展示这些牌：它们是一样的！

●●● **解释**

1 拿出两副纸牌。将一副给你的朋友，在你洗牌的时候，让他也洗牌。

2 然后，让你的朋友把纸牌呈扇形摊开在他面前，在脑海里选好一张牌。可以是他最喜欢的一张或者是随机的一张，但是他要记清楚选择的是哪一张。

3 解释，你也会做同样的事情，花点时间向他解释，帮他将纸牌摆成扇形。这要做得自然些。事实上，你只是要记住他的扇形的最右边（如果他是右撇子）的那张牌就好。这意味着它是最靠近他的最上面、最清晰的那张。准确地记住它。然后，假装你也在你的纸牌中选择了一张牌。

4 将选中的这两张牌都拿出来，放在你面前，牌面朝下。实际上，你的朋友拿出了他的牌，你拿出了随机的一张牌（是哪一张不重要）。将两个扇形重新和起来（不用洗牌！），将两打牌的牌面朝下放在你面前。

5 让你的朋友和你做一样的事情，这样他就会忘记他的牌。他可以看最后一次，获得好的印象。每个人拿好他的卡片（面朝下），把它放在一打牌上（面朝下），而后切牌，把牌合起来（把切牌后的一打放在上面那一部分上，这样第一张牌就是选定的牌）。

6 向你的朋友提议交换纸牌，进行同时性测试。你能找到你朋友的那一打牌。你跟他说要重新找到你的那一打里的他的那张牌。将它反过来插进纸牌中，而后牌面朝下放在他面前。你也这样做，但是我提醒你，你还没有真正的选择纸牌！纸牌游戏的顺序是循环的，切牌把你朋友的牌放在了你第二步中记住的牌的右面。将纸牌打开呈扇子型，简单地将你记得的那张纸牌（一般是在右边）下面的纸牌反过来，而后把纸牌牌面朝下放在你面前的那一摞上。

7 跟你的朋友说偶然和同时性，而后将两副牌铺开在桌子上就可以找到你已经翻转过的牌。这两张牌是一模一样的！

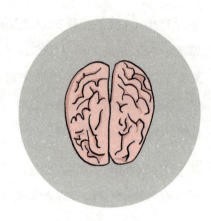

大脑：正确与否？

大脑让我们感到惊讶，证据就是你正在读这些句子……而我在写作！

巧合吗？我不觉得。每个新发现都带来一系列的知识和对于我们已掌握知识的质疑。想象一下：人们刚刚把大脑不同区域的图像进行绘制，认为没有这些大脑区域我们就无法生存。人们发现，一个生活了几十年没有遇到明显问题的人的大脑只使用了大脑容量的几十立方毫米。一个恐怖的发现就是，大脑装满了脑脊髓液。但在这个非典型器官里，也有很多虚假的事实。

面对下面的信息，你可以分清其中的对与错吗？

1 2015年，一个超级电脑需要40分钟的计算来模拟人类40秒的大脑运动。

2 一个成年人的神经末梢长度可以达到580万千米（可以围绕地球145圈）。

3 在世界中，接入的设备跟在大脑中的神经元一样多（2016年的研究）。

4 人们只使用了我们大脑的17.3%。

5 "机器人"这个词是1920年被发明出来的自己取的、第一个人工智能的名字。

6 大脑占人体的2%，但却消耗了人体20%的氧气和25%的葡萄糖。

7 大脑是人体含脂肪量最高的器官（60%）。

8 人可以在睡梦中通过听数据的方式学习。

9 数学的隆起具有生理表现能力。

10 一匹会心灵魔法的马也可以逮捕整个德国。

11 由于转变注意力非常容易，一个魔法师早上10点钟可以偷走价值500万欧元的珠宝。

●●● **正确的论断：**

　　1，2，6，7，10，11

●●● **错误的论断：**

3（一千亿的神经元，对860亿的装置）

4（对大脑的利用是全面的，但不是同时的，人们大约可以使用30%的大脑）

5（"机器人"源自"robota"，在捷克语中意味着"奴役"。在1920年的一场戏剧表演这个概念被第一次使用，指代那些被赋予了智慧的人工智能工作者）

8，9（这是一个颅骨学概念，被称为精神分析科学）

养成新习惯的秘密

好的解决方式，新习惯以一种周期性的方式，我们就可以轻松达成而不需要保持。我也会在几个星期之后，决定放弃。我问了自己一个问题：为什么我们无法坚持？

我在一项美国研究中发现了一个不容置疑的例子，它总结了90%遭受心脏搭桥（将堵塞的动脉取出，更换成人造血管或导管的手术）的人，两年之内也不会改变饮食或者是运动习惯，尽管这是他们经受这种情况的主要原因[1]！

阻挡我们保持好习惯的是两种毒药。

第一个是认知失调。也就是说，在我们的思想体系、信仰、情感和

---

① E.米勒，《医学护理中，改变自然的革新》，出自 IBM 全球革新展望研讨会，2004 年，洛克菲勒大学，纽约。

态度中的两种元素存在着一种矛盾。"认知失调"这一概念，第一次是在1957年由利昂·费斯廷格在其作品《认知失调理论》中提出的。

这是如何起作用的？说起来，也是非常的怪异。我们知道我们应该做点什么，但又难以完成。因此就在我们的思想体系（或者是我们的信念）和我们的态度中形成一种失调。为了减轻这种效果，我们无意识地调整我们的态度，让它们变得可以被我们的思想所接受。或者是通过虚假的论证（"现在我没有时间做运动，但是我走了很多路，所以还好"），或者是增添一种新的认知（"这个星期，我没有时间，从下个星期起我会多做一个小时的运动"）：这被称为补偿。

第二个阻挡我们保持承诺的毒药，就是在改变习惯中会遇到的困难。根据心理学家多米尼克·查普曼所说，"我们的习惯就是用来安抚我们的"。进一步来讲，改变它就好像在危害我们的舒适。人类生来就不喜欢改变。此外，人们经常听到著名的"以前好多了"……

因此，如何保持长期习惯？合乎逻辑来看，正如我们已经辨别出两种毒药一样，我也找到了两种解毒剂，不需要打针！

开始说明之前，你需要辨别出为了建立新习惯，你应该改掉哪个坏习惯。如果你打算早起一小时做运动，那就是说要缩减这一天的休息时间。

看着下面的需求金字塔，也叫作马斯洛金字塔（以发明这个理论的心理学家的名字命名）。我们做的一切都对应着金字塔中的一个需求。

以我为例，早上睡觉对应着生理需求，而每天运动则对应着自我实现的需求。你看得到我想要做什么。

此外，养成一个新习惯，就要试图消除另一种需求的红利。为了更确切地养成新习惯，就要试图弥补另一种需求。也许是在这一天中安排一个新休息，比如，延长吃饭时间，或者是找到另一个时间玩游戏。总而言之，对于你已经取消的需求，保证在金字塔中对应的那一行做出相对应的补偿。

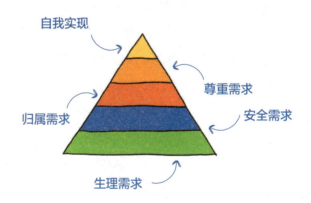

受到改善法的启蒙，以及《把地球仪装进你的大脑》这一节中逐步受到的启发，人们也可以减弱失落感。方法就是将目标切割成可完成的小步骤。如果我用运动的常规情况为例，我们可以从每天早起一小时，不做运动开始想起。而后，在双数日做运动，而单数日照样早起，但只是为了给自己留出时间。目的很简单，但不要一下子跳得太高，避免摔倒，而是花点时间，找到每一步的平衡，一点点往上爬。而我非常骄傲地找到了这个平衡！

最后，社会心理学家费莉帕·勒理最有意思的研究，跟我提出的问题一样。2009年，她观察了96个人[1]。在几个月的时间里，这96个人都要培养一个新习惯，找到新的解决方式，并且受到跟踪回访。每一天，她都会给他们打电话，对受调查人员保持新习惯的困难进行简单的问卷调查。这项研究表明，人们平均需要66天来自动养成一个新习惯。

66天！这个科学结果指出了为了养成一个新习惯所需要的时间，这个新习惯会自动完成而不需要思考，没有痛苦。显而易见，这个数字会因人而异，但是也让人吃惊地发现，那些经典的"1个月焕然一新"或者是"30天挑战"，实际上都太短了！从1月1日到3月7日，保持你的解决办法，而后它就会成为一个好习惯。就是这么神奇。

如果你有意对你的人生做出改变，不要再犹豫了，现在你已经拥有了通往成功的钥匙，你已经知道需要多少事让这种解决方式成为一种习惯。不要忘记迪安·奥利斯医生所说的："改变最好的动力，不是对于死亡的恐惧，而是来自生活的欢乐。"

---

[1] 费莉帕·勒理（Phillippa Lally），《习惯是如何养成的：真实世界的习惯养成方式》，摘自《社会心理学欧洲学报》，第40册，第6期，2010年，998~1009页。

记住历史课

历史（作为知识学科）最艰巨的几个学习难点之一当然是记住日期，以及事件之间的关联。对于这两点，要用两种方法记住。但正如其名，历史最终只是一种记录，就如我们喜欢记住的断断续续的记忆。想象一下，世界历史就是一部《权力的游戏》的连续剧，但是有很多季！

窍门 ① 理解

当你阅读世界史的时候，你应该从阅读开始，并且准确地理解发生的事。对于每一个让你觉得模糊的点，请检索额外的信息。比如：为什么这个女王出发去这个城市？谁发动了这场战争？就像你和朋友在讲述奇闻轶事一样。

最大程度地对你正在探索的事物进行背景考察，像在读一本小说一样让故事更直观化。不要过度关注确切的信息，将你的精力集中在理解情景上。为了完成这个过程，尝试着将这个故事的一部分讲述给另一个人，或者简单地大声讲给自己听。

窍门② 概括

将你刚刚学到的东西在大脑中做成一张卡片。这个直观的过程可以从下面的三方面帮到你。

◆ 不同的理解。

◆ 分析信息。

◆ 更好地记住。

尝试用简洁的方式做笔记，使用不同的格式和颜色。创建一张简明扼要的图表。

窍门③ 对时间的记忆

为了记住事件、期间、数字等确切因素，没有什么比使用你的记忆表格更有效了（在这本书开头的《记忆的终极武器》这一节中可以找到相关内容）。就从给每个月找一个精神图像的逻辑开始。

一月	屋顶	七月	小木柱

二月	坚果	八月	火
三月	桅杆	九月	脚
四月	国王	十月	杯
五月	狮子	十一月	头
六月	猫	十二月	木桶

这种关联和大体系的记忆表格一样简单。对于年份，同样如此。比如，如果忽略"1"，1905可以解读为"拼图"。人们可以不需要死记硬背，就可以自发地记住在讨论的是哪个千年，因为窍门1和窍门2让我们能够对背景进行分析。

而后，只需要构建幻想出来的、非典型的小故事场景就可以确定信息。

比如，1905年9月，爱因斯坦发表了包含了公式$E = mc^2$的文章。

我看到爱因斯坦正在用脚拼拼图。为了让这个场景更加印象深刻，我想象着这个拼图拼成后的图像是$E = mc^2$。

窍门④ 记忆宫殿

如果你使用了记忆宫殿[1]，你就可以创建下列附属内容：

◆ 每一个世纪都建造一个记忆宫殿。

---

[1] 详见《大脑知道答案》。

◆ 每个记忆宫殿有12个房间（对应1年的12个月）。

　　每到新的入口，你就把脑海里的图像放在对应的宫殿里的对应房间中（这样，世纪和月份就都记住了）。而这个图像则涉及人物（或者史实），确切的年份和日期（如果需要的话）。优点是，走进这座安放了卓越的一切的附属记忆宫殿中的一个房间，你就可以看到同一个月发生的所有的事！

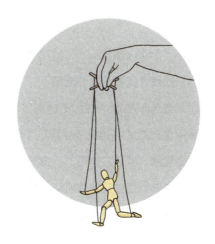

5个影响他人的窍门

了解影响力的方法，可以武装自己来自保。在销售领域，人们最敏感，容易面临困境。让我们一起来了解5个使用起来令人称奇的窍门。在读这些窍门时，不要忘记我在《持续学习的秘密》这一节中解释的窍门。

窍门 ① 对自由保持敏感

为了能够时刻受到影响，很悖论的观点是：一个人应该尽可能地感到自由。这样更好！他应该感到想要抗拒你的影响。对此，大品牌很长时间以来都明白，运用"不满意就退货""前三个月免费"，或者简单的"30天内可退款"的方式。

事实上，我们很少有时间或者精力去取消一个订单。因此，这样的句子"你可以随意……"或者"你什么时候来都可以",总是比"这样做"或者"我很希望你能来"。

最可怕的是,在你不想消极地影响一个人的时候,你自己不得不使用这些方式。如果我使用这个表达:"如果你喜欢我的第一本书,请不要犹豫,买第二本吧",这是一个非常诚恳的表达,因为我真的觉得这两本书相互补充,你可能会感到缺少了自由。这是一个可能会导致拒绝的影响,哪怕我也会如此。为了避免这种情况的发生,我不得不说,"如果你喜欢我的第一本书,订购之后的书由你来定"。在这样或者那样的情况下就很难不被影响了。

窍门② 给予是为了取回

我们的社交属性决定了我们要支持互利互惠的原则。给你的朋友送一个生日礼物,他就会认为必须要做同样的事情,给你回礼。从这个规律出发,在你收到回礼之前,应该先送出某样东西。

这种支配方式更加良好,因为如果这是带着善意的举动,可以形成连续的交换。那些一丝不苟的售货员在妥协规则下使用它:他们会给你推荐一个过于昂贵的东西,跟经理协商厚待你,而后跟你说,他们已经给你争取到了最好的价格(然而,还是太贵了)。在给予是为了取回的这个规律下,你就更觉得要做同样的事情,接受这个最好的价格而不是打破平衡。因此,请注意你收到的假礼物。

窍门③ 社会考试

这个方法是用来鼓励我们成为集体的一部分（或者相反，向你指出我们没有融在一起）。正是出于这个原因，在电视里，人们会让观众鼓掌，或者是人们会在连续剧中听到假笑声。如果其他人笑了，我们就更倾向于认为这好笑。我们无意识地使用别人的行为来改变我们的行为。再或者，人们从来不会让你在一张没有多少签名（它们都是伪造的）的请愿纸上签名。

我曾经大规模地测验过这个方法。在我的一次演出中，一个人去洗手间了。我让观众跟他开一个玩笑。一说到"绿豆角"，所有人就像听到了世界上最好笑的笑话一样大笑和鼓掌。等到他回来的时候，猜一下，这个刚才不在的人在整个过程中的行为。

窍门④ 谄媚

拉封丹的整个寓言就是使用这个方法的证明：谄媚。这是有剂量的、最大程度的坦诚，在听众的脑海中激发多巴胺的分泌。你越是改善一个人的自信力，那么他就会越容易受到你的引导。但要注意，你不应该为了恭维而恭维（这会起反作用），而是在每一次可能的时候，提出那些让他震惊的东西，他喜欢的东西，或者是可贵的品质。相反，对那些总是过度恭维你的人保持一些距离。

窍门 ⑤ 牵连

　　一个容易受到影响的人，总是会坠进许多精神枷锁之中，直到一项行动或者一个项目的最后一步。根据人们想要给他人施加的影响，通过给他一种或多或少的责任感，让他坚信他想要这个结果。比如，为什么有一些现代公司用"合作伙伴"来替代"雇员"这个词呢？答案就在《用几个简单的词操控》一节中。

如何猜名字（心灵魔法师版本）

在《大脑知道答案》第一季中，我教过你们，在有限的选择中，如何以一种确切而又快速的方式，确认一个人在想的是哪个名字。很多人问我，如何降低这种预测错误率，这也是我想要在这里说明的。不过，你应该意识到，结果永远不可能是百分之百准确，一长串的练习也不会让你免于犯错，但这难道不是这个方法中刺激的地方吗？

第一步

让一位朋友想一个人。我推荐你，让他把名字写在纸上，原因如下：

◆ 他就不会忘记。

◆ 他不会在中途换名字。

◆ 而后他可以更容易地看清所有的字母。

◆ 在最后，如果你出错了，也是一个证明。

你让他在脑海里玩这个游戏。他一定要想的是一个他认识的人，尽管你不认识。你的第一个任务就是确定，对于你的朋友来说，这个人是谁。大部分情况下，人们都是从这三种中选择一个人：朋友、家人、同事。总而言之，意味着一个关系很近的人。

因此，你可以这样做：

要么直接地问他是属于哪一类，要么进入信息的渔场。

比如，你可以说："这可能是你的家人……"观察他的表情。如果没有任何反应，继续练习："……但是我想这只是一个朋友……"如果依然没有反应的话，你直接说："……这是跟你一起工作的人，相对朋友来说，更多的还是工作关系。"理解好这个过程的节奏，因为只有这个开头，会让你的朋友感到震惊。他会感觉你已经猜到了他跟这个人的关系，而你只是通过专注观察他的表情和反应，进行试探。对于你的声调，这个句子永远不能降调，你应该给出一种感觉，你要练习来让你的添油加醋变得自然。

但都是哪些反应呢？当你打算瞄准的时候，你可以观察到以下的某些迹象：吞咽，放松的神态，掩盖起来的微笑和（或者）轻微的点头。

第二步

提高注意力！使用和第一步相同的办法来找出你的朋友和这个人的

确切关系。例如：如果你确认这是他的家人，那么就尝试即兴创作一个小剧本来确定这是他的父亲，母亲，一个兄弟姐妹，等等。

第二步是至关重要的，因为它让你最大限度地了解到这个人的性别和年龄。如果你确定这指的是他的父亲，那你就知道了这是一个比他年纪大三十几岁的男人。

例如，你也可以使用这两步要求他直接在纸上写下他妈妈的名字或者是他最好的朋友的名字。这个游戏也一样会很好玩！

第三步

让他在脑海里想象着名字的字母，想象着第一个字母，并且集中注意力。从这开始，所有的举动都是可行的！你可以抓着他的手腕，让他看着你。跟他解释，你将会背字母表，当他听到正确的字母时就想着"停下"。只是想着，试图没有反应。

非常有意思的是，人们越想掩盖自己的反应，他的反应就越是明显……

背诵字母表（不要太慢也不要太快），观察他的反应！

但是是哪些反应呢？当你念到正确的字母时，就像第一步，你可以观察一些指示：吞咽，放松的神态，掩盖起来的微笑或者轻微的点头，瞳孔微微收缩，脸上出现焦虑或者抽搐的迹象，眨眼睛，手腕的细微动作，肌肉的轻微收缩，等等。你也会看到，这个字母过了以后，他的脸部放松了，就像松了一口气一样。重要的事情是，这些迹象有时候是在正确的字母之前出现。为了避免你的朋友预料到字母即将到来，有时候倒着背字母表也很有意思。

第四步

最后一步！现在要使用文化（人们称之为冷读法：了解一个领域最大程度上的数据来进行排除），勇气和冷血了。你将要在第三步中，继续一个接一个地寻找字母，但是试图用你在第二步中学到过的得到一个有逻辑的结论。

例如：我知道这指的是我朋友的姐姐，也就是一个同辈的女孩，而且她的名字是从M开始，而后是A。我的朋友已经30岁了，我可以假设这些名字是马加利（Magali），马里尼（Marine），马里翁（Marion）或者玛丽（Marie）。我在找第三个字母……是R（可惜！）。我可以继续，但是个人来说，我想按着玛丽去试到最后。如果我猜对了，那就是100%准确了，如果是马里尼或者马里翁，那么在结果上，考虑到我已经找到了非常接近的答案，他不会觉得有什么大的区别。

我希望这个特别的章节让你喜欢。它为我们开启了一扇通往未知的大门，但是尝试起来令人兴奋。

你需要承认，练习期间会有很高的失败率，但练习是很刺激的！

10个记忆法窍门

我们又来啦！记忆法是对我们有用、可以记住所有信息的最好的体系之一。它可以帮助大脑来另类地巩固信息，尤其是，在人们试图回忆的时候，对信息得以确认。这就是10个记忆法窍门。在阅读之后，它们可以快速篆刻在你的记忆之中。

1 沐浴在回归线的阳光下？

但是是哪一条？一共有两条回归线：北回归线（法语：tropique du Cancer）和南回归线（法语：tropique du Capricorne）。哪一条在南边，哪一条在北边？为了回忆起来，要使用跟记忆极地一样的记忆法诀窍。南回归线，相比于北回归线，有更多的字母，如果人们把它们两个都放进水里，较重的会沉到下面，沉到南方。因为字母更多，南回归线更重，就沉到南方。北回归线就飘到上面，就在北方。

2 与法国本土接壤的国家

可以用简单的一句话记住："喜欢伊莎贝拉（AIME ISABELA）"。"Aime"指的是摩纳哥（法语：Monaco），而后"Isabela"的每一个字母都对应着一个国家：意大利（法语：Italie），瑞士（法语：Suisse），德国（法语：Allemagne），比利时（法语：Belgique），西班牙（法语：Espagne），卢森堡（法语：Luxembourg）和安道尔（法语：Andorre）。对于你们中好奇心最重的，我就不会用这种方法。用可能的由另一组字母改变位置构成的词，MISABELA来囊括我写在这里的两个词……

3 指南针

我总是很惊讶，对于很多人来说，对于南北位置的识别并不明确。作为来自拉罗谢尔的人，我从来没有这个问题，因为我们已经习惯了西边有海。幸运的是，我有一个万物归一的好窍门！想着"一"（ONE）这个词。多亏了ONE，你就知道当北方（法语：nord）在上面的时候[①]，那么西方（法语：ouest）就在左边，东方（法语：est）就在右边。

---

① 根据地图的阅读习惯，一般为上北下南，左西右东。

4 ▶ 七宗罪

想到七宗罪，就像想到世界七大奇迹或者是七个小矮人一样：数到最后总是缺少一个！凭借"CE GALOP"（这匹快马）这个表达，你就很容易想起由这七个字母引出的七宗罪：愤怒（法语：Colère）、嫉妒（法语：Envie）、暴食（法语：Gourmandise）、贪婪（法语：Avarice）、色欲（法语：Luxure）、傲慢（法语：Orgueil）、怠惰（法语：Paresse）。

5 ▶ 头上的星星

星球的顺序不会变，但行星的定义会变化！有一天，冥王星曾经是行星，后来不是了，又重新是了，等等。此刻，人们将冥王星算进去，所以，你可以用这句话："先生，你找错了，我只是一个没有经验的新手。"（Monsieur vous tirez mal, je suis un novice pitoyable）通过每个单词的首字母，你可以囊括按照从太阳向外的顺序的行星：水星（法语：Mercure），金星（法语：Vénus），地球（法语：Terre），火星（法语：Mars），木星（法语：Jupiter），土星（法语：Sqturne），天王星（法语：Urqnus），海王星（法语：Neptune），冥王星（法语：Pluton）。

6 ▶ 7个小矮人

是的，是的！人们又要重来一遍！我分为四点跟你说。这句话可以记住七个矮人的名字。如果有一天你忘记了其中一个，你就会感谢我把这个内容放进书里。这就是这个句子：都是几乎一个人玩，你就变得暴躁了（A jouer presque seul, tu deviens grincheux）：喷嚏精（Atchoum），开心果（Joyeux），万事通（Prof），糊涂蛋（Simplet），害羞鬼（Timide），瞌睡虫（Dormeur），爱生气（Grincheux）。

7 按照运算顺序，就更准确

在数学里，计算中有运算次序要遵守。人们称之为PEMDAS。为什么是这个词？当然是因为首字母："括号"而后"指数"，而后"乘法"，而后"除法"，而后"加法"，最后是"减法"。我从初中起就运用这个规则，对我来说，非常重要。

8 假装无事发生

死亡（mourir[①]）这个单词中只有一个"r"，因为人只会死一次。

跑步（courir[②]）这个单词中只有一个"r"，因为人在跑步时，会缺少新鲜空气。

到达（arriver）这个单词中有两个相连的"r"，因为一旦跑完

---

① Ir为法语的一种动词词尾。（译者注）
② 同上。

步，人们需要深呼吸。

9 ▶ "p"或者"pp"

我只瞥见了一个"p"在偷瞄（法语apercevoir，意为窥探）。

我总是需要两只脚站立（法语：apparaitre，意为现身，两个"p"相连）。

我用两只脚逃跑得更快（法语：é échapper，意为逃跑，两个"p"相连）。

总是倚靠（法语：appuyer，意为支撑）在两个"p"上，因为人们拿着两根拐棍支撑得更好。

10 ▶ 音符的英语标注

音符的国际注音体系是根据 A B C D E F G的字母顺序。还要记得哪个音符对应着哪个单词。只要记得"啊啦啦，这很简单!（HA LA LA）"而后A对应着la。而后跟着的顺序就是B对应Si，C对应Do，D对应Re，E对应Mi，F对应fa，G对应sol!

关于扑克的益智游戏

　　如果关于心灵魔法真的有奇迹，那就是一直可以赢得扑克游戏。听好了，这虽然是假的，却不丧失真相。是的，我非常喜欢悖论，我们也在前几节中提到了。

　　在扑克游戏中，非常重要的两点是：我们手里的牌，以及对于吹牛的使用方式（自己的和对方的）。

　　对牌来说，人们无法做太多，即便是"出老千"，因此不如专注在吹牛上。已经有很多作品讲述识别对手的吹牛方式，但关于你自己的吹牛方式却知之甚少！既然你从来没有完全地关注过牌桌上的身体语言，为什么不尝试着改善一下呢？

窍门 ① 了解你自己

你意识到你的习惯性动作了吗？在一局游戏中，你喝啤酒的节奏是什么样的？在等到你那轮时你在做什么？你真的知道你的对手眼里的玩家是什么样吗？答案显然是，不知道。下面的两种方式可以帮助你来纠正自己的习惯性动作。

◆ 拍摄几轮游戏的视频，之后查看。你应该像分析一个你不认识的人一样，找出你的自然状态，以及你吹牛时的迹象。

◆ 在每一轮游戏中，一直带着全部的意识行动。意味着你观察自己的内在来发现，在一轮牌局中，你说话和行动的不同状态。

当你对自我了解更深刻的时候，你就可以抹去你的可见性失误来一直拥有自然的状态。

窍门 ② 混乱的法则

理解混乱的策略是不可能的。你会允许自己不靠谱的吹牛吗？最简单的就是使用"侥幸"的开关。比如，如果一个黑5或者一个黑7会让你输掉，尽管你手中什么筹码都没有，但你依然可以跟上。有时候，你的吹牛举动是具有探索性的，有时会有损失（在这一举动上），但在你对手眼中，你已经赢得了无法预料和无法理解的事实。此外，这个方法来自孙子的《孙子兵法》，这也可以被看作是扑克牌策略的基础书籍。

窍门 ③ 错误和正确的一步

这是对上一个窍门的补充。我已经证明了，这是难以理解的，很大程度上打破了解你的行为的可能性。我总结出每一个牌的虚假信号：

A：侵略性地给出筹码。

2：一直微笑。

3：尽量少说话。

4：我把牌放在桌子上，不再看（我已经记下来了）。

5：我尽可能地把其他的玩家看在眼里。

6：在下注之前花很长时间，玩我的筹码。

7：我的手一直划过我的脸。

8：我重新坐好，让背在这一轮中挺直。

9：我频繁地看我的牌，放下又拿起。

10：我轻轻地、有规律地咬嘴唇。

J：闭着嘴，轻轻地哼歌。

Q：轻轻地抓或者捏鼻子很多次。

K：每次下注的时候都喝酒。

当发牌员发牌的时候，记住谁是第一个拿到牌的。而后，选择应对每一轮相关的态度，吹牛与否。更换牌局的节奏（在你玩，你放弃，还是你坚持到底的牌局之中）。你的态度难以预料的特点将会让你成为一个不可捉摸的吹牛玩家。

赢得挑战

非语言交流最大的困难就是练习。你永远不会预计你正在练习，因为这样会影响你对面的那个人的反应。然而，必须经过失败，只有理解这个状态下的失误，才能改善。

为了减弱失败的挫折感，我跟你提议一个有趣的挑战！如果你想的话，这是一个可以玩一辈子的挑战。它可以帮你练习，让你给你的朋友带来美好的惊喜。

第一步

让一个朋友在一只手里放一个两欧元硬币。对他说，如果你找到了这个硬币，他就要把两欧元给你，如果你猜错了，换你给他一欧元。

第二步

使用你想要的技巧（肌肉收缩、眼神的方向、测谎分析、微语言表达等），在脑海里得出结论，记住它。

第三步

不管怎么样，都跟他说硬币在右手边，反复确认。如果真是这样就拿走这两欧元，如果很遗憾猜错了，就给他一欧元。

第四步

在一个本子上，写下一个人的名字。同样使用你认为硬币在哪一只手里的方法。也记下来你脑海里的结论是否正确。

第五步

如果你赢了，将两欧元放在小罐子里。如果你输了，就拿出一欧元。如果最开始，你输掉了而罐子是空的，先从小罐子里赊出一欧元，晚点还回去（这很重要）。

除了练习非语言交流，这个游戏还有什么意义呢？一直做这个游戏，直到小罐子里收集了50欧元（或者100欧，150欧，就看你了），邀请所有人到一个不错的地方喝一杯，带着你的小罐子，这些代表了你在这个领域的进步（因为你赚到了钱），而且多亏了他们（毕竟他们也参与了游戏，资助了这个小罐子）。

你可能没有注意到的是，这些规则都是对你有利的！实际上，如果你总是选择同样的答案（右手），你就有一半的机会赢得两欧元，一半的机会输掉一欧元，所以平均每一次挑战后你的获利是0.5欧元！然而，你玩得越多，数据就会越向着你。

带着这个窍门，你可以拿着这本记录了珍贵数据的小本子进行测试，把身边的人拉入到你的训练中，跟你的小伙伴证明你已经进步了。

●●● 终极诀窍

很难从你朋友那里拿到钱？无论如何，这曾是我的情况。我表现得不一样。我把十欧元给了我的五个朋友，情况大致有下面三种情况。

（1）如果他们还剩下从我的游戏中得到的钱，他们不得不接受我提出的另一轮。

（2）如果他们不剩下从我的游戏中得到的钱，我就不能要求他们再来一轮。

（3）如果我结束游戏，他们就保留从我的游戏里获得的钱。

我将一开始的十欧元和在我输掉的时候他们可能获得的潜在收益，称为"从我游戏中得来的钱"。因此，我总是以拿回输掉的钱的100%收尾。我甚至邀请了所有人去喝一杯！不要忘记，在你的本子上加上一栏，记录那些给了你初始资金的人。

谜语

你想不想对大脑来一次再开发？我要跟你提议一些奇怪的句子，其中隐藏了很多秘密。最初的几个句子很容易破译，而后你的反思能力会进化。你的大脑可以更灵活地反应，就会适应在过后更好地理解。每一次，关于解决方式的主题，我都会给你一个提示。

●●● 谜语

（1）一个通俗的表达

GEAUAZ

（2）一个通俗的表达

O NAGER O

（3）一个通俗的表达

DORMIR（睡觉）

OREILLE OREILLE（耳朵 耳朵）

（4）一个特点

INE INE INE INE

MAIS MAIS（但是 但是）

SIX SIX SIX SIX SIX

SIX SIX SIX SIX SIX

（6 6 6 6 6 6 6 6 6 6）

（5）烹饪

E E E

PLAT（菜品）

（6）地点

3.14 NE NE NE NE NE NE

（7）一个特点

对应C 的LE

（8）一个通俗的表达

星期一

星期二

星期三

星期四

星期五

星期六

星期日

（9）身体

CRISE CRISE（危机 危机）

（10）历史

CHEVAL33（马33）

••● 提示

以下几个提示，来帮助你完成这些丁贝游戏（也可以称之为谜语）。先看提示不要看答案，这样还可以有自己找到答案的额外机会。

① 一个单词是被包含在另一个单词里面的。

② 两个单独的字母都是水。

③ 这两个耳朵上有什么？

④ 数数……

⑤ 这不是一个煎蛋饼。

⑥ 鱼跃扑球?

⑦ 他丢掉了些面包屑。

⑧ 它们相像吗?

⑨ 多少次?

⑩ 这不是33。

●●● 答案

① 水掉进气里

② 在两摊水中游泳

③ 在两只耳朵上睡觉

④ 凯瑟琳·德·美第奇

⑤ 盘子上的蛋

⑥ 游泳池

⑦ 小拇指

⑧ 这些天接连逝去,却不相同

⑨ 肝危机(crise de foi)[①]

⑩ 特洛伊木马[②]

[①] 20世纪的法语词汇中,"肝危机"指的是在失重状态下,消化系统和神经学的一系列反应。例如"呕吐,右肋疼痛",以及一顿丰富的餐点之后的头痛等。Crise de foi 与crise deux fois(即两遍crise)发音相同。(译者注)

[②] 特洛伊木马的法语为Cheval de troie,而3的法语为trois,发音相同。(译者注)

●●● 总结

如果你用心看这本书的目录，你就会看到我将这个类型划分在了数学窍门中。这不是一个错误！数学（就像巧妙的回答、论证、分析和总体的逻辑）要求精神的灵活性。我们的大脑喜欢按照它所了解的方案做决定。然而，它也能用不同的方式看待问题，具有自我调整的能力。当你习惯了常常解决这个类型的小谜语，你的神经就可以练习预估可能性和接受极度不同的观点。在各种情况下，包括在数学情况中你得以发展最初始的解决方式。

旅行游戏

　　在我小时候，我经常会玩一种心灵魔法游戏，是将加码的信息传达给另一个人，是非常好玩的方式。这既可以好好传递信息，还可以传达一种强大的印象，而其他人永远也不会理解你是如何传递信息的。现在，你可以继续玩这种游戏而无须隐藏。

●●●加密

（1）元音

　　元音可以以人们熟知的顺序来变成密码：A，E，I，O，U，Y[1]。因此，A即1，E即2，I即3，O即4，U即5，Y即6。

---

[1] 法语中的 6 个元音。

（2）辅音

辅音的编码就更容易了。你可以通过以这个字母开头的城市或者国家来给辅音字母编码。不论哪个国家、哪个城市，或者是哪个大洲，为什么不行呢？比如，M可以编码为马赛。

（3）窍门

在深入之前，你需要明白一件事情。让一个人猜测一个单词，不要给有质疑的文字编码（对于其他理解系统的人有太多的风险）。我们应该给有关联的词加编码，通过相关联的想法让人直接想到这个词。比如，如果我想要表达"丁丁"，我会倾向于用"米卢"。跟我一起玩的人会理解我说的"米卢"，指的就是"丁丁"。

●●● 传递

这就是为什么人们称之为"旅行游戏"。你将要用先前的密码来讲述一个虚拟的旅行。辅音字母就是目的地，而元音字母就是时长（几天，几个月或者几个星期）。

以米卢为例："我去了马赛3天，而后去了伦敦45天"。

正如有两个元音字母（O和U）连续，我更喜欢只使用一个数字。

●●● 如何玩

或者你找一个已经看过这本书的人（比如，在聚会时间是否有人知道我，如果是，就问他是否知道旅行游戏），或者是你快速将规则讲给你的朋友。

跟其他人提议进行挑战！他们秘密地给你一个词、一部电影或者是一个名人。你通过跟你的朋友讲述旅行的方式，让他猜出你在想什么。那么就开始吧！

而后你调换讲述和猜测的人。但重要的规则就是永远不要解释游戏是怎么进行的，除非他们想加入一起玩。

●●● 福利

为了节约时间，帮助我的好朋友，我已经创造了一个密码来告诉他需要猜测的主题。我说的第一句话实际上就是密码。

就是这样：名人

好：虚拟人物

ok：电影

那么：物件

因此：其他

如果你想的话，你可以深入提炼这个福利密码（比如，耳机＝歌手）。

●●● 具体实践

好了，我们来玩一下吧。你应该猜猜我正在想什么。对于这个例子，没有什么练习可做，这就是直接译码。

"那么，我从布雷斯特出发，前往里约，长达1个月，我在委内瑞拉转机，返程的时候待4天。"

好好玩吧，你现在已经掌握了一个魔鬼般的秘密哦。

如何克服心理恐惧

不管是你，还是其他人，人们总是有想要克服的心理恐惧。成功克服的第一步就是真诚地希望能够结束，而后你只需要行动。

这种不合理的心理恐惧被隐藏在大脑中的某个地方。可以是蛇、蜘蛛、人群、昏暗等，还可以是其他事物，甚至是奶酪[1]！

●●● 面对开关

当心理恐惧的客体出现时，一个人就会受到非理性的恐慌危机。这时，试图安抚他是没有用的，因为直觉会再度控制他，使他无法处在一种理性的态度。唯一让他放松的方式就是通过其他的方式来干扰他的大脑。要求他（如果是你就直接做）尽可能细致地描绘周遭的环境：人、

---

[1] 我向你保证这是存在的，叫作密集恐惧症。

他们的衣服、头发、风景等，越详细越好。在做这件事的时候，你迫使他的意识重新回归，关掉对开关的关注。

同时，你还可以让他闭上眼睛，细致地从闹钟响起开始讲述他昨天的生活，不停地提问题让他不得不专注在自己的回忆中。

●●● 长期来看

唯一有用的策略就是脱敏。你可以自己完成，但我推荐你看你所了解的有名的催眠师或者是简单地寻求行动治疗专家的帮助。方法就跟注射疫苗的步骤是一样的：逐渐调整产生焦虑的剂量来越过这些步骤。

① 准确地想象和慢慢地面对产生问题的心理恐惧。

② 一旦步骤1变得容易实现，就用照片的形式来对抗心理恐惧。

③ 一旦一个人可以毫无问题地看照片，也可以毫无压力地直接面对，就可以在现实生活中小剂量地面对心理恐惧。

如果你决定自己面对心理恐惧，那么你在第三步时也会需要陪伴（这个步骤也分成好几个阶段）。你要对这个人保持信心，而他则会充当安慰你、和你讲话并从来不笑话你的角色。如果你对蛇有心理恐惧，你可以从第三步开始，去看关在玻璃箱里的蛇。直到有一天，你可以拿着它。很显然，在这两者之间，是需要很多阶段的。

无论如何，要知道你并不孤单，也没有任何理由要一辈子经受这种不理智的恐惧。

这不是一种宿命。如果你想的话，你可以打破这个过程，从而解放自己。

比较是为了更好地记住

正如你现在已经知道的，我们的大脑很想要我们好。在我们的工作记忆中，它也会时常规律地清理掉对它来说没有用的记忆，不需要征求我们的意见！

工作记忆平均包括7种不同的信息，同上。这些记忆平均保留18秒。如果我让你们记住下面的数字：1，9，5，1，你将要用4种同样的方式。但如果我要求你们记住一个数字，就像1951年一样，你只会使用一种方式。然而这意味着同样的数字，但重新集合在一个包里。

在神经科学中，将这些元素组合起来的事实拥有一个名字：切断。有点像连着一群车厢的火车，需要在这些因素中找出一种比较来给大脑一种感官，整体上，这些元素都是联系在一起的，应该在记忆中长期停留。

当你在学习阶段（如课上、阅读、讲座等）的时候，根据如下的标准来比较信息：

◆ 与已知的内容。

◆ 与你正在学习的内容。

因此，你通过提出一种更为宏大的印象的方式，减轻了你的工作记忆。

●●● 举例练习

想象一下你需要记住以下内容：

四季豆、土豆、小提琴、钢笔、吉他、盘子、尺子、萝卜、小号、刀子、杯子、花椒、电池、橡皮、毛毡和勺子。

这一共是16件需要记住的物品。花几秒钟的时间将它们分成如下4类，再重新读一遍这16件东西：

◆ 蔬菜

◆ 乐器

◆ 桌子

◆ 写作

一瞬间，你就想起来16件东西了。因为实际上，这4种类别就是

"火车头元素"，将要引出那些与它们联系起来的元素。

使用这个窍门来尝试将你学到的内容进行分组，对它们进行对比来找到含义。

你的大脑和将近一千亿个神经元可以轻松存储，如果你对其进行筛选工作的话。

"翻转游戏"的秘密

"翻转游戏"限制了心灵魔术实验,尤其是可信的!为了让你明白这个效果,我推荐你从现在开始就试一下。

●●● 步骤

① 拿出你的手机,把它放在你的旁边。

② 翻一本书,找到一页你认为有趣的。

记住这一页的页码,把数字翻转过来!如果是12页,就记住21;如果是123页,就记住321;如果是40页,就记住04;记好这两个数字。

③ 现在,用两个数字中较大的减去较小的。如果是12页,计算21-12;如果是123页,就计算321-123;如果是40页,就计算

40-04；如果得出来的结果是三位数，你就把这三个数相加，例如：198=1+9+8=18。在这种情况下，如果计算对你来说过于复杂，那么就使用计算器。

④ 现在查看对应的翻转游戏表格，跟你的结果相关的那个词。

⑤ 最后，你可以探索下一页。

你已经明白了，你的选择自由度已经逐渐地在每一步被束缚了。为了把这个游戏教给你的朋友，你应该：

◆ 给他一本书。

◆ 在一张纸上写下"打开这一页"，记住下一页的数字。

◆ 让他做如上的所有步骤。

◆ 让他最后打开这张纸。

你可以让这个游戏变得更加个人化，问他这辈子对他最重要的那一年是哪一年。接下来他会想到最后两个数字（比如，1986年的86），而后正常继续。这类选项的情感冲击完全夸大了最后的效果。

重新提醒一下，这就是翻转游戏的表格。

0	星球	25	海马	50	大脑	75	神经元
1	想法	26	思想	51	大气层	76	书
2	知识	27	球体	52	铅笔	77	电脑
3	精神	28	方块	53	钥匙	78	眼睛

4	汽车	29	飞机	54	环	79	三角形
5	裤子	30	河流	55	十字	80	键盘
6	其他	31	外套	56	桌子	81	黑头
7	浪	32	小号	57	视频	82	橡皮
8	光纤	33	窗户	58	鞋子	83	长笛
9	子弹	34	靠垫	59	菱形	84	香水
10	屏幕	35	信件	60	镜子	85	猫
11	架子	36	气球	61	信息	86	欢乐
12	日历	37	火箭	62	柱子	87	蛋黄酱
13	男低音	38	毛衣	63	圆圈	88	瓶子
14	火炭	39	床	64	封面	89	沙球
15	支票本	40	沙发	65	苹果	90	黑月亮
16	小鸟	41	脸庞	66	恐慌	91	跳蚤
17	大海	42	塔	67	山脉	92	木筏
18	球	43	花朵	68	相机	93	CD
19	锤子	44	钟表	69	方块	94	拼图
20	胶带	45	黑洞	70	游戏	95	包
21	火车	46	樱桃	71	狗	96	鼓声
22	警察	47	冷杉	72	球体	97	石膏
23	酒吧	48	锯子	73	袜子	98	生蚝
24	鸡蛋	49	雕像	74	花园	99	球

前两页"阿司匹林"就是自动参考句的几页。

你喜欢这个概念吗？

此外，甚至是这个最后一页的兴趣也与人们想要的尽可能清晰的有关。

它很好地解释了在这一页里你的兴趣点专注于什么地方。

你正在想

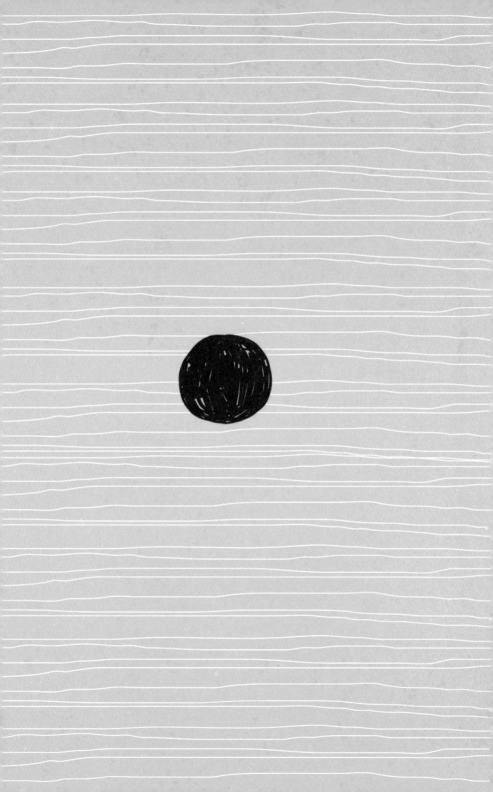

悖论

　　如果你把这本书拿在手里，是逻辑、理解和大脑的运作吸引了你。在我们的大脑中烙印着真相——就像那些已经预设的事情一样——与我们的现实有关。人们将这些称为公理（显然正确，不需要证明的提议）。以此为例，通过一个点的多少条线可以和右边的平行？答案是：1条。为什么？因为你内心深处很了解，我们的现实接受了这条规律。

　　但在这个安排中，我们也可以创造出悖论。我将这些视作给大脑的美味，给你呈上我最喜欢的佳肴来结束这本书。

循环

这句话是错的。但如果它是错的，那么它是对的，因此它是错的，所以它是对的，所以它是错的……

无限

想象一下在你的睡梦中，所有的一切都扩大了两倍（从宇宙到最小的粒子）。那么你如何能知道这一点？

逻辑的才华

想象一下你面前有个精灵。他跟你说："如果你猜到我将要做的事情，我就放你一条生路，不然我就杀了你。"你想要怎么回答？我会建议你说："你会杀掉我。"如果他是这样打算的，那么他就不能杀掉你。但是如果他不想杀掉你，就意味着你猜错了，那么他就会杀掉你，那么你就猜对了。

数单词

这句话包括了7个单词[1]。这句话不包括7个单词[2]。

---

[1] 法语：Cette phrase comporte sept mots.

[2] 法语：Cette phrase ne comporte pas sept mots.

●●暂时的悖论

作为科幻小说和时空旅行的忠实粉丝，我要告诉你的这个悖论，是《回到未来》这部电影中，马蒂在舞会演出中做小提琴师时发生的故事。他演绎了《约翰尼·B·古德》这首歌。这个场景发生在1955年，也就是这首歌真实发布时间的三年前。在他演出的时候，一个观众打给了查克·贝里，他通过电话听到了这首歌。通过演绎，查克·贝里按照他那天晚上听到的旋律创作了《约翰尼·B·古德》。总结：从来没有人创作过《约翰尼·B·古德》，因为马蒂演奏了一个片段，是查克·贝里听到马蒂的演奏而写出来的。

●●完美收官

赫拉克利特提出了这个最后的悖论："除了变化，没有什么能够永存。"

创建一个替代的记忆表格（被称作第二表格）

有了这两个记忆表格，你就永远不会缺乏方法了。

你的智力游戏时间

日期	时间

记下你的记忆法诀窍

你的笔记